# 基于低能耗绿色建筑一体化可再生能源设计构造图集

华东建筑集团股份有限公司　主编

同济大学出版社

2023　上海

**图书在版编目（CIP）数据**

基于低能耗绿色建筑一体化可再生能源设计构造图集 / 华东建筑集团股份有限公司主编 . -- 上海：同济大学出版社，2023.10

ISBN 978-7-5765-0893-2

Ⅰ. ①基… Ⅱ. ①华… Ⅲ. ①再生能源 – 应用 – 小城镇 – 生态建筑 – 建筑设计 – 图集 Ⅳ. ① TU201.5-64

中国国家版本馆 CIP 数据核字（2023）第 147580 号

**基于低能耗绿色建筑一体化可再生能源设计构造图集**

华东建筑集团股份有限公司　主编

责任编辑　朱　勇
责任校对　徐春莲
封面设计　陈益平
出版发行　同济大学出版社　　www.tongjipress.com.cn
（地址：上海市四平路 1239 号　邮编：200092　电话：021-65985622）
经　　销　全国各地新华书店
印　　刷　江苏凤凰数码印务有限公司
开　　本　787mm × 1092mm　1/16
印　　张　7
字　　数　175 000
版　　次　2023 年 10 月第 1 版
印　　次　2023 年 10 月第 1 次印刷
书　　号　ISBN 978-7-5765-0893-2
定　　价　45.00 元

# 前　言

2022 年 3 月，住房和城乡建设部印发《“十四五”建筑节能与绿色建筑发展规划》，提出“到 2025 年，完成既有建筑节能改造面积 3.5 亿平方米以上，建设超低能耗、近零能耗建筑 0.5 亿平方米以上，装配式建筑占当年城镇新建建筑的比例达到 30%，全国新增建筑太阳能光伏装机容量 0.5 亿千瓦以上，地热能建筑应用面积 1 亿平方米以上，城镇建筑可再生能源替代率达到 8%，建筑能耗中电力消费比例超过 55%”。2022 年 6 月，住房和城乡建设部、国家发展改革委印发《城乡建设领域碳达峰实施方案》，明确“推进建筑太阳能光伏一体化建设，到 2025 年新建公共机构建筑、新建厂房屋顶光伏覆盖率力争达到 50%。推动既有公共建筑屋顶加装太阳能光伏系统。加快智能光伏应用推广。在太阳能资源较丰富地区及有稳定热水需求的建筑中，积极推广太阳能光热建筑应用。因地制宜推进地热能、生物质能应用，推广空气源等各类电动热泵技术。到 2025 年城镇建筑可再生能源替代率达到 8%。引导建筑供暖、生活热水、炊事等向电气化发展，到 2030 年建筑用电占建筑能耗比例超过 65%”。

2018 年国家重点研发计划启动实施“可再生能源与氢能技术”重点专项，其中特色小镇可再生能源多能互补热电联产关键技术项目提出针对我国特色小镇绿色低碳发展的需求，形成西部和东部特色小镇完全依赖可再生能源的热电联产系统解决方案。课题“基于低能耗绿色建筑的一体化可再生能源设计研究”是国家重点研发计划项目“特色小镇全可再生能源多能互补热电气储耦合供能系统关键技术及示范”研究内容之一。课题组围绕特色小镇建筑特点，收集了大量工程案例和国家、行业及地方现行图集资料，开展了基于三维性能设计的绿色低能耗建筑可再生能源一体化集成技术研究，并最终形成本图集。图集包含专业系统说明、系统原理图、一体化构造图和节点大样图等内容，可作为特色小镇可再生能源利用建筑一体化应用的设计指导和制图参考。

本图集由夏麟主编并负责统稿，参与编写的人员有汤泽、马骞、范昕杰。

由于编者水平有限，若有不妥和不足之处，恳请广大读者批评指正。

本课题组

2023 年 6 月

# 目　　录



## 第一篇　地源热泵系统

### 设计施工说明及图例



### 系统原理图



### 构造大样图及节点详图



### 别墅工程实例



### 附录

## 第二篇 太阳能光伏系统

**设计施工说明**



**平屋面光伏组件**



**坡屋面光伏组件**



**采光屋顶光伏组件**



**建筑构件光伏组件**



## 第三篇 太阳能热水系统

**设计施工说明**



**平屋面集热器**

# 编 制 说 明

## 1 编制目的和依据

1.1 为了适应我国东西部特色小镇绿色低碳发展的需求，推广地源热泵、太阳能光伏和太阳能热水等可再生能源与绿色低能耗建筑的一体化集成技术，由华东建筑集团股份有限公司编制了设计参考图集《基于低能耗绿色建筑一体化可再生能源设计构造图集》。

1.2 本图集所依据的标准和规范：

《民用建筑设计统一标准》 GB 50352—2019
《住宅建筑规范》 GB 50368—2005
《建筑结构荷载规范》 GB 50009—2012
《屋面工程技术规范》 GB 50345—2012
《建筑物防雷设计规范》 GB 50057—2010
《建筑工程施工质量验收统一标准》 GB 50300—2013
《混凝土结构后锚固技术规程》 JGJ 145—2013
《钢结构工程施工质量验收标准》 GB 50205—2020
《节能建筑评价标准》 GB/T 50668—2011
《可再生能源建筑应用工程评价标准》 GB/T 50801—2013
《民用建筑供暖通风与空气调节设计规范》 GB 50736—2012
《地源热泵系统工程技术规范》 GB 50366—2005
《工业循环冷却水处理设计规范》 GB/T 50050—2017
《锅炉房设计标准》 GB 50041—2020
《暖通空调制图标准》 GB/T 50114—2010
《供暖通风与空气调节术语标准》 GB 50155—2015
《工业金属管道设计规范》 GB 50316—2000（2008 年版）
《工业设备及管道绝热工程设计规范》 GB 50264—2013
《水（地）源热泵机组》 GB/T 19409—2013
《蒸气压缩循环冷水（热泵）机组 第 1 部分：工业或商业用及类似用途的冷水（热泵）机组》 GB/T 18430.1—2007
《蒸气压缩循环冷水（热泵）机组 第 2 部分：户用及类似用途的冷水（热泵）机组》 GB/T 18430.2—2016
《螺杆式制冷压缩机》 GB/T 19410—2008
《热交换器》 GB/T 151—2014
《板式热交换器 第 1 部分：可拆卸板式热交换器》 NB/T 47004.1—2017
《管壳式换热器》 GB/T 151—2014
《管井技术规范》 GB 50296—2014
《供水水文地质钻探与管井施工操作规程》 CJJ/T 13—2013
《埋地塑料给水管道工程技术规程》 CJJ 101—2016
《通风与空调工程施工质量验收规范》 GB 50243—2016
《建筑给水排水及采暖工程施工质量验收规范》 GB 50242—2002
《制冷设备、空气分离设备安装工程施工及验收规范》 GB 50274—2010
《风机、压缩机、泵安装工程施工及验收规范》 GB 50275—2010

《工业金属管道工程施工规范》 GB 50235—2010
《现场设备、工业管道焊接工程施工规范》 GB 50236—2011
《工业设备及管道绝热工程施工规范》 GB 50126—2008
《给水用聚乙烯（PE）管道系统　第1部分：总则》 GB/T 13663.1—2017
《给水用聚乙烯（PE）管道系统　第2部分：管材》 GB/T 13663.2—2018
《给水用聚乙烯（PE）管道系统　第3部分：管件》 GB/T 13663.3—2018
《冷热水用聚丁烯（PB）管道系统　第1部分：总则》 GB/T 19473.1—2020
《冷热水用聚丁烯（PB）管道系统　第2部分：管材》 GB/T 19473.2—2020
《冷热水用聚丁烯（PB）管道系统　第3部分：管件》 GB/T 19473.3—2020
《输送流体用无缝钢管》 GB/T 8163—2018
《低压流体输送用焊接钢管》 GB/T 3091—2015
《工业管道的基本识别色、识别符号和安全标识》 GB 7231—2003
《自动化仪表工程施工及验收规范》 GB 50093—2013
《城镇污水再生利用工程设计规范》 GB 50335—2016
《建筑给水排水设计标准》 GB 50015—2019
《室外给水设计标准》 GB 50013—2018
《城市排水工程规划规范》 GB 50318—2017
《给水排水管道工程施工及验收规范》 GB 50268—2008
《给水排水工程管道结构设计规范》 GB 50332—2002
《给水排水工程构筑物结构设计规范》 GB 50069—2002
《给水排水构筑物工程施工及验收规范》 GB 50141—2008
《室外排水设计标准》 GB 50014—2021
《泵站设计标准》 GB 50265—2022
《城镇排水管道维护安全技术规程》 CJJ 6—2009
《城镇排水管渠与泵站运行、维护及安全技术规程》 CJJ 68—2016
《城镇供热管网工程施工及验收规范》 CJJ 28—2014
《合流制排水系统截流设施技术规程》 T/CECS 91—2021
《设备及管道绝热设计导则》 GB/T 8175—2008
《民用建筑电气设计标准》 GB 51348—2019
《建筑电气工程施工质量验收规范》 GB 50303—2015
《建筑光伏系统应用技术标准》 GB/T 51368—2019
《光伏（PV）组件安全鉴定　第1部分：结构要求》 GB/T 20047.1—2006
《民用建筑太阳能热水系统应用技术标准》 GB 50364—2018
《太阳能热水系统性能评定规范》 GB/T 20095—2006
《家用太阳能热水系统技术条件》 GB/T 19141—2011

《太阳热水系统设计、安装及工程验收技术规范》
GB/T 18713—2002
《真空管型太阳能集热器》 GB/T 17581—2021
《全玻璃真空太阳集热管》 GB/T 17049—2005
《平板型太阳能集热器》 GB/T 6424—2021
《太阳能热利用术语》 GB/T 12936—2007
《太阳能热水系统应用技术规程》 DG/TJ 08-2004A—2014

## 2 适用范围

本图集适用于我国东西部特色小镇的新建、改建和扩建的民用建筑的地源热泵系统、太阳能光伏系统和太阳能热水系统的设计与安装，可供从事上述领域的设计、施工、运行、管理及其他相关专业的人员参考使用。对改造既有建筑中已安装的上述系统或者在既有建筑中增设上述系统的工程，亦可参照本图集。

## 3 编制内容及特点

3.1 本图集内容主要包括三个部分：地源热泵系统、太阳能光伏系统和太阳能热水系统。

3.1.1 第一篇 地源热泵系统，具体包括设计施工说明及图例、系统原理图、构造大样图及节点详图、别墅工程实例和附录五个部分。

3.1.2 第二篇 太阳能光伏系统，具体包括设计施工说明、平屋面光伏组件、坡屋面光伏组件、采光屋顶光伏组件和建筑构件光伏组件五个部分。

3.1.3 第三篇 太阳能热水系统，具体包括设计施工说明、平屋面集热器和坡屋面集热器三个部分。

3.2 本图集提供的地源热泵系统原理图根据地源侧有无换热器，可分为闭式和开式系统；根据用户侧在供空调冷 / 热水的同时是否提供生活热水，可分为复合型系统和基本型系统。

3.3 本图集提供的地源种类，以东西部特色小镇的民用建筑为适用对象，包括地埋管、地表自然水（江水、湖水等）和城镇原生污水（生活污水、城镇污水处理厂产生的二级水、合流制排水系统中截流的雨水等）。另外，因为海水腐蚀性较强且分布范围有限、工业废水成分复杂且小城镇工业废水可供利用的规模通常有限、地下水开式利用后对环保回灌技术要求较高，所以本图集暂不考虑将它们大规模推广应用于特色小镇。

3.4 以某别墅的地源热泵系统为例，介绍了小镇民用建筑地热源系统设计的主要内容。对于冷热源机房内有关电气、给排水、采暖通风及建筑、结构等专业的其他设计施工要求，使用者应根据具体工程条件，由相关专业进行补充完善。

3.5 本图集中的太阳能光伏系统建筑图是光伏组件的布置示意图，在具体工程项目设计使用时，须根据生产厂家的要求进行安装和调整。

## 4 其他说明

4.1 本图集是参考图集，所提供的工程实例虽具有一定的代表性，但仍然是在一定具体条件下根据项目的具体要求而设计的，使用本图集时必须注意其实例的局限性。

4.2　使用本图集时，应综合考虑地源侧的实际条件（工程当地的地质条件和水源的水质特点等）和用户侧的具体需求（水量、温度和水质等），对地源热泵系统的形式进行适当的调整与修改，必要时可对方案进行专业技术评审。

4.3　以城镇地下污水管渠内的原生污水（主要来源是生活污水）作为低位冷热源的污水源热泵空调工程项目的设计与施工，必须获得有关部门的批准。

4.4　当本图集所依据的标准、规范进行修订或被其他标准、规范替代时，工程技术人员在参考使用时，应注意对本图集与现行工程建设标准不符的内容加以区分，经复核后选用。

4.5　本图集在介绍一些设备、设施的时候，侧重于介绍其原理和一般使用要求，工程技术人员在选用具体的产品时应以有关标准、规范以及制造商的技术规格为准。

4.6　本图集未注明的尺寸单位，除标高为米（m）以外，其余均为毫米（mm）。

# 第一篇

# 地源热泵系统

# 地源热泵系统设计说明

## 1 总则

1.1 在进行地源热泵系统的方案设计之前，应由具备勘察设计资质的专业队伍对工程场地进行状况调查，并应对该地的浅层地热能资源进行勘察。勘察内容应按照《地源热泵系统工程技术规范》GB 50366—2005（2009 年版）的有关规定进行，工程勘察完成后应编写工程勘察报告，并对资源的可利用情况提出建议。

1.2 地源热泵系统可以利用的低温热源有岩土体、地下水和地表水，当有不同水源可供选择时，应通过技术经济比较择优确定。

1.3 选择水源的原则：水量充足、水温适度、水质适宜、供水稳定。具体工程应从实际情况出发，因地制宜地选择适用水源。

1.4 应根据具体情况进行技术经济比较，选择适用的系统形式，充分考虑地源侧设备的初投资和运行费的增加，并注意地源侧水泵的能耗增加对冷热源系统综合能效的影响。

1.5 地源侧水系统形式

1.5.1 地源侧的水直接进入水源热泵机组的，称为开式直接利用系统。由于地源侧不设换热器和定压装置，减少了设备，机房管道也较为简单。但该方式只适用于水温合适、水量充足且水质经处理后满足热泵机组要求的地下水和地表水，使用场景受到的限制较多，这不是本图集关注的方面。

1.5.2 地源侧的水通过中间换热器换热后返回，由换热介质进入水源热泵机组的，称为间接利用系统。地源侧水系统被换热器分隔为两个环路，进入热泵机组的水环路为闭式，而地源水环路仍为开式，应用形式参见本图集第 34 页“地表水源开式间接利用热泵系统原理图”和第 36 页“污水源开式间接利用热泵系统原理图”。热泵机组蒸发 / 冷凝器侧水系统是一个独立的循环系统，需要设置水泵并单独定压。该方式地源侧的水与冷热源机房系统隔开，可以调节进入热泵机组的水温和水量，适用于水质不满足进入热泵机组要求的地下水和地表水，比如腐蚀性较强的海水、污水，不允许进行化学处理且必须回灌的地下水等。需要注意水温变化对热泵机组性能的影响。因海水分布区域有限、地下水回灌技术要求较高，本图集主要关注间接利用江水、湖水等地表水源以及生活污水的地源热泵系统。

1.5.3 地源侧没有水的强制循环，将封闭换热器浸入地源中，由换热介质进入水源热泵机组的，称为闭式系统，应用形式参见本图集第 33 页“地埋管热泵系统原理图”和第 35 页“地表水源闭式热泵系统原理图”。该方式管路布置比较简单，封闭换热器多采用抗腐蚀性较强的高密度聚乙烯材料，适用于岩土体（即地埋管换热系统）和水质不满足进入热泵机组要求的地表水（比如有较强腐蚀性的海水、污水等）。其中，地埋管换热器在不同地质条件下的取热量差别很大，宜根据现场试验法取得岩土体的热物性参数；浸于地表水体中的换热器特性应通过计算或试验确定；形状规格等参数也须根据现场条件确定。

1.6　热泵机组正常工作的冷热源温度范围应符合《水源热泵机组》GB/T 19409—2013 的规定。当水源水温度不能满足热泵机组的使用要求时（表 1.6），可设置中间换热器或采用三通阀、混水泵等方式进行调节，以满足机组要求。

表 1.6　热泵机组正常工作的冷（热）源温度范围（℃）

| 工　况 | 制　冷 | | 制　热 | |
|---|---|---|---|---|
| 机组型式 | 容积式压缩机 | 离心式压缩机 | 容积式压缩机 | 离心式压缩机 |
| 地下水式机组 | 10 ~ 25 | 15 ~ 25 | 10 ~ 25 | 15 ~ 25 |
| 地埋管式机组 | 10 ~ 40 | 15 ~ 35 | 5 ~ 25 | 10 ~ 25 |
| 地表水 / 污水式机组 | 10 ~ 40 | 15 ~ 35 | 5 ~ 30 | 10 ~ 30 |

1.7　直接进入热泵机组的地源水的水质应保证机组可以安全、高效、稳定运行，目前尚未有明确的国家标准或行业标准，可参考《工业建筑供暖通风与空气调节设计规范》GB 50019—2015 第 9.4.5 条的条文说明的规定，如表 1.7 所示。

表 1.7　热泵机组对水质的一般要求

| 水质参数 | 含砂量 | pH 值 | CaO | 矿化度 |
|---|---|---|---|---|
| 允许值 | ＜ 1/200 000 | 6.5 ~ 8.5 | ＜ 200 mg/L | ＜ 3 g/L |
| 水质参数 | $Cl^-$ | $SO_4^{2-}$ | $Fe^{2+}$ | $H_2S$ |
| 允许值 | ＜ 100 mg/L | ＜ 200 mg/L | ＜ 1 mg/L | ＜ 0.5 mg/L |

当水源的水质不能满足要求时，应采取有效的过滤、沉淀、灭藻、阻垢、除垢和防腐等措施，水处理装置详见本说明第 1.14.1 条。经水处理后仍达不到要求时，应在地源水与热泵机组之间加设中间换热器，中间换热器详见本说明第 1.14.2 条。若水源不允许直接或间接利用，可考虑设置地源侧封闭换热器。

1.8　利用污水作为热源时，引入热泵机组或中间换热器的污水应满足《城市污水再生利用　工业用水水质》GB/T 19923—2005 的要求。

1.9　地源侧水系统宜采用变流量设计，计算方法如下。

1.9.1　夏季地源侧需水量

$$G_S=0.86\ (Q_L+N_L)\ /\Delta t_S$$

式中：　$G_S$——夏季地源侧需水量（$m^3/h$）；

$Q_L$——系统最大需冷量（kW）；

$N_L$——热泵机组制冷工况电功率（kW）；

0.86——单位换算系数；

$\Delta t_S$——地源侧的水进出热泵机组的温差（℃），一般为 5 ~ 11℃，根据产品要求确定。

1.9.2　冬季地源侧需水量

$$G_W=0.86\ (Q_R-N_R)\ /\Delta t_S$$

式中：$G_W$——冬季地源侧需水量（$m^3/h$）；

$Q_R$——系统最大需热量（kW）；

$N_R$——热泵机组制热工况电动率（kW）；

0.86——单位换算系数；

$\Delta t_S$——地源侧的水进出热泵机组的温差（℃），一般为 5 ~ 11℃，根据产品要求确定。

1.10 对于设置中间换热器和封闭换热器的系统，传热介质以水为首选。如果运行工况有结冻可能，传热介质应添加防冻剂。可选用的防冻剂有氯化钙、氯化钠、乙烯基乙二醇、丙烯基乙二醇、甲醇、异丙醇、乙醛、醋酸钾和碳酸钾等，其中以氯化钠和乙烯基乙二醇最为常见。防冻剂的添加浓度应保证传热介质的冰点比其设计最低使用水温低 3 ~ 5℃。注意传热介质物性对设备传热性能和管路摩擦阻力的影响，设备选型和管路设计中需进行相应修正，且系统中金属部件应与防冻剂兼容。

1.11 用户侧水系统

1.11.1 用户侧的水系统应为闭式，当其仅用作空调系统冷热源时为基本式，其设计应符合《民用建筑供暖通风与空气调节设计规范》GB 50736—2012 的规定。

1.11.2 采用地源热泵系统提供生活热水时，应采用换热设备间接供给；热泵机组可采用高温型机组专门提供生活热水。

1.11.3 地源热泵系统在具备为建筑空调系统供热、供冷功能的同时，还可以提供（或预热）生活热水的，称为组合式系统。同时存在空调冷 / 热负荷与生活热水供热负荷时，宜优先选用具有热回收功能的热泵机组。

1.12 负荷冷热平衡问题

1.12.1 地源热泵系统需要在夏季向地源侧排放热量，冬季从地源侧吸取热量，为保持长期可靠的运行效果，必须进行一个冷热周期的热量平衡校核计算，最小计算周期不得少于1 年。在此计算周期内，地源热泵系统的总释热量和总吸热量宜相平衡。

1.12.2 当地源热泵系统的最大释热量和最大吸热量相差不大时，对于地埋管换热系统，应分别按供冷与供热工况进行地埋管换热器的长度计算，并取其较大者确定地埋管换热器的长度；对于地表水换热系统，应限制地表水体的温度波动范围，周平均最大温升不应超过 1℃，周平均最大温降不应超过 2℃。

1.12.3 当地源热泵系统的最大释热量和最大吸热量相差较大时，宜进行技术经济比较。通过增设辅助热源（如太阳能加热器、锅炉等）或辅助散热设施（如冷却塔等）加以解决；也可以通过热泵机组的间歇运行来调节或采用热回收机组，以降低供冷季节的释热量，增大供暖季节的吸热量。

1.12.4 辅助热源设备或辅助散热设施的选用，需要综合考虑以下因素，经技术经济比较后选定：

1）系统的最大释热量和最大吸热量的偏差。

2）系统供冷工况与供热工况的运行时间及偏差。

3）地源水侧温度对设备出力的影响。比如，地表水温度冬季低于10℃或夏季高于40℃时，机组的出力能力下降。

1.13 热泵机组的选用

1.13.1 热泵机组的总装机容量根据总供冷负荷和总供热负荷的较大值选取，不另作附加。其中，暖通空调系统的供冷负荷和供热负荷根据《民用建筑供暖通风与空调调节设计规范》GB 500736—2012的规定计算，生活热水负荷根据《建筑给水排水设计规范》GB 50015—2015的规定计算。机组的实际供冷量和供热量应根据地源侧和用户侧供、回水温度进行修正。

1.13.2 热泵机组的压缩机类型，宜根据制冷量范围经性能价格比较后确定。当单机容量$Q$>1 758 kW时，宜选用离心式；当1 054 kW<$Q$≤1 758 kW时，宜选用螺杆式或离心式；当700 kW<$Q$≤1 054 kW时，宜选用螺杆式；当116 kW<$Q$≤700 kW时，宜选用往复式或螺杆式；当$Q$≤116 kW时，宜选用往复式或涡旋式。

1.13.3 热泵机组台数的选择应能适应空气调节负荷的全年变化规律，满足季节及部分负荷要求，满足系统安全运行和设备检修的需要，一般不宜少于2台。小型工程只选用1台机组时，应选择支持多台压缩机分路联控的机组。

1.13.4 机组之间应考虑互为备用和轮换使用的可能性。同一站房内，可采用不同类型、不同容量机组搭配的组合方案以节约运行能耗；并联运行的机组中应至少选择1台自动化程度较高、调节性能较好、部分负荷时能高效运行的机组；但机组种类不宜超过2种。

1.13.5 热泵机组的制冷剂应符合有关环保要求，采用制冷剂的使用年限不得超过中国禁用时间表的规定。例如R22和R123，我国到2040年将完全禁用。

1）用户侧只为空调系统提供冷热水时，应优先选用以R22为制冷剂的普通型机组，可以提供7/12℃的空调冷水和40/45℃的空调热水。提高空调冷水出水温度或降低空调热水出水温度，有利于提高热泵机组的制冷或制热能效比，但也会降低空调末端设备的除湿能力或供热能力，因此应在系统综合技术经济比较的基础上确定设备容量和供冷 / 供热参数。

2）用户侧还需要提供生活热水的组合式系统，可选用以R134a为制冷剂的中高温型机组（供水温度可达60～65℃），或带有冷凝热回收器的热泵机组（节能效果较好，但设备投资有所增加）。用户侧的空调水与生活热水管路应分开设置，热泵机组选型时应充分考虑冬夏工况空调与生活热水的不同负荷特性。

1.13.6 对于有工业废热和地热水热源的改造工程，或者需要为末端散热器提供70～90℃较高温度供暖热水的工程，可采用特殊工质的高温型热泵机组，但此类机组不能提供空调冷水，须在进行技术经济比较后慎重选用。

1.14 其他相关设备

1.14.1 水处理装置

1）除砂器与沉淀池：当水源中含砂量不满足要求时选用，主要用于去除较大直径的颗粒。旋流除砂器可在水系统中加装，体积小，安装方法简单，但运行中有阻力，需耗一定能量；若工程场地条件允许，也可修建沉淀池，沉淀池费用低、节能，但占地面积大。可根据实际处理精度将多个水处理装置串联使用。

2）净水过滤器：当水源浑浊度较大时，为避免管道堵塞而安装。可根据过滤精度选择过滤网的目数，主要用于去除较小直径的颗粒。也可与除砂器串联使用，以提高实际处理精度。

3）电子水处理仪：当水源水质硬度大或运行过程中冷凝器的循环水温高（常在50℃以上）时，为防止管路结垢而安装，同时也可辅助处理藻类或细菌。

1.14.2　中间换热器

1）水质要求应符合《工业循环冷却水处理设计规范》GB/T 50050—2017的规定：板式、翅片管式换热设备的水中悬浮物不宜大于10 mg/L，其他类型换热设备不宜大于20 mg/L；当水源水$Cl^-$含量为300～1 000 mg/L时应采用碳钢壳管式换热器，当水源水$Cl^-$含量低于300 mg/L时可采用不锈钢板式换热器；当水源水矿化度大于5 g/L时换热器材质应为钛合金，当水源水矿化度为3～5 g/L时换热器材质可为不锈钢。

2）水温：用于调节水温的换热器应根据冬季/夏季可直接进入热泵机组的水温要求来选择换热器两侧温度；其他用途的换热器应注意控制换热器两侧的换热温差，以使热泵机组尽量运行在高效率工况。

1.15　系统的运行监测与控制

1.15.1　设计人员应根据每个工程的实际情况，选择以下监测参数：

1）地源侧：供回水温度和流量，以及井水位的变化。

2）用户侧：暖通空调水系统的供回水温度、流量及供回水干管压差，生活热水系统的供回水温度、流量及供水最远端压力。

3）载冷剂（中介水）侧的供回水温度、流量及浓度。

4）热泵机组的进出水温度、压力及流量（或水流状态）。

5）水泵的流量（或水流状态）、进出口压力。

6）过滤器前后压差。

7）换热器两侧的温度、压力和流量。

8）热泵机组、水泵、阀门等设备的工作状态及故障报警。

9）补水水位或压力，以及高低液位报警。

10）室外空气的温度、湿度。

1.15.2　地源热泵系统的控制内容应从以下几方面考虑：

1）主要设备如热泵机组和水泵等的联动、连锁和保护功能。

2）冬季、夏季及过渡季的运行模式的切换。

3）地源侧水泵宜变流量运行，用户侧根据需要可选用变流量系统，热泵机组宜为定流量运行，可根据负荷的变化调节运行台数。

1.16 本图集仅为地源热泵系统各种形式的原理和一般依据，设计人员应在此基础上根据具体情况进行深化设计。

## 2 地埋管地源热泵系统

### 2.1 一般规定

2.1.1 地埋管地源热泵系统方案设计之前，应先进行工程场地状况调查并应对浅层地热能资源进行勘查或调研评估。在此基础上，应对实施地埋管地源热泵系统的可行性与经济性进行评估。

2.1.2 小规模地埋管地源热泵系统可参考利用邻近区域的浅层地热能资源勘查数据。

2.1.3 地埋管换热器设计在方案阶段、初步设计阶段可采用每延米换热量法进行计算；在施工图设计阶段，宜采用动态负荷模拟设计法计算。

### 2.2 设计原则

2.2.1 应根据工程勘察结果，结合可利用地表面积、岩土类型和热物性参数，以及项目当地的钻孔费用等因素，确定地埋管换热器的形式（水平埋管或垂直埋管）。

2.2.2 在施工图设计阶段，宜采用动态负荷模拟设计法计算地埋管换热器，计算周期不应少于1个运行年。地埋管换热器的设计长度应满足地源热泵系统的最大取热量或释热量要求。当全年累计取热量和释热量相差大于20%时，经技术经济分析确认合理后，应采取可靠的调峰措施，并保证地下岩土体的温度可在全年使用周期内得到有效恢复。

2.2.3 应根据释热量与取热量分别计算地埋管换热器的总长度 $L_S$、$L_X$。当二者相差不大时，可取其中较大值；但当二者相差较大，如 $L_S \geqslant 1.1L_X$ 或 $L_X \geqslant 1.25L_S$ 时，宜进行技术经济比较，确定是否可通过增设冷却塔辅助散热或设置辅助热源等措施以避免地埋管换热器长度过长，从而提高系统的经济性。

2.2.4 中小规模系统应预留接入保证地下热平衡措施的接口，大规模系统宜采用设有冷却塔辅助散热设施或辅助热源的复合式系统形式。

2.2.5 地埋管换热器宜以机房为中心或靠近机房设置，其埋管敷设位置应远离水井、水渠及室外排水设施。

2.2.6 水源热泵机组应根据地源侧额定设计工况下的机组性能及地埋管换热器的运行参数进行选型。机组性能应符合《水源热泵机组》GB/T 19409—2013 的相关规定。

### 2.3 设计要点

2.3.1 地埋管换热系统应按《地源热泵系统工程技术规范》GB 50366—2005（2009年版）的有关规定对工程场地内岩土体的地质条件进行勘查。

2.3.2 无实测原始地温数据时，地表10 m以下土壤原始温度可按高于当地年平均温度2℃选取。表2.3.2列出了我国北方部分城市的年平均气温。

表 2.3.2 我国北方部分城市的年平均气温（℃）

| 城市名称 | 天津 | 石家庄 | 唐山 | 保定 | 承德 | 秦皇岛 | 廊坊 |
|---|---|---|---|---|---|---|---|
| 年平均温度 | 12.7 | 13.4 | 11.5 | 12.9 | 9.1 | 11.0 | 12.2 |
| 城市名称 | 太原 | 大同 | 阳泉 | 运城 | 晋城 | 朔州 | 晋中 |
| 年平均温度 | 10.0 | 7.0 | 11.3 | 14.0 | 11.8 | 3.9 | 8.8 |
| 城市名称 | 呼和浩特 | 包头 | 赤峰 | 东胜 | 满洲里 | 临河 | 集宁 |
| 年平均温度 | 6.7 | 7.2 | 7.5 | 6.2 | –0.7 | 8.1 | 4.3 |
| 城市名称 | 济南 | 青岛 | 淄博 | 德州 | 日照 | 威海 | 泰安 |
| 年平均温度 | 14.7 | 12.7 | 13.2 | 13.2 | 13.0 | 12.5 | 12.8 |
| 城市名称 | 郑州 | 开封 | 洛阳 | 新乡 | 安阳 | 三门峡 | 信阳 |
| 年平均温度 | 14.3 | 14.2 | 14.7 | 14.2 | 14.1 | 13.9 | 15.3 |

2.3.3 地埋管换热系统的工程勘察应至少包括岩土层的结构及分布、岩土体的热物性参数两项内容。岩土体的热物性参数应通过现场热响应试验获得。

2.3.4 地埋管换热器的设计计算应根据现场热响应试验所获得的岩土体热物性参数、原始地温数据及回填材料的热物性参数，采用专用软件进行。垂直地埋管换热器的设计可按《地源热泵系统工程技术规范》GB 50366—2005（2009 年版）附录 B 给出的方法进行计算。

2.3.5 当地埋管换热系统的吸热换热负荷不大于 500 kW 时，可参考邻近区域相近地质构造的土壤热物性参数，依据原始地温数据进行埋管换热器的设计计算。

2.3.6 地埋管换热器计算时，环路集管不应计入地理管换热器的长度内。

2.3.7 垂直埋管换热器埋管深度建议大于 40 m，钻孔孔径宜大于 0.11 m，钻孔间距应通过计算确定，宜为 4 ~ 6 m。水平环路集管管顶距地面不宜小于 1.5 m，且应在冻土层以下 0.6 m。

2.3.8 为确保地埋管换热器及时排气和强化换热，管内流体应保持紊流状态。地埋管换热器的管内流速，在额定设计流量时，单 U 形管不宜小于 0.6 m/s，双 U 形管不宜小于 0.4 m/s；在最小运行流量时不宜低于 0.25 m/s。水平环路集管的敷设坡度不应小于 0.002。

2.3.9 垂直地埋管应分为若干子环路，末级环路的埋管数量宜相等，不应大于总数量的 5%，且不宜大于 25。子环路水系统应为同程式，各垂直埋管宜与分、集水器直接连接（章鱼式），也可与子环路集管连接，再由集管连接至分、集水器。

2.3.10 集水器回水总管应设具有流量检测功能的平衡阀。以末级分、集水器为界，“上游”管道系统宜采用金属材质管道，“下游”管道系统应采用塑料材质管道。

## 2.4 监测与控制的特殊要求

2.4.1 以末级分、集水器为单元，监测地埋管换热系统的进水温度与出水温度。

2.4.2 根据地埋管换热器场地状况设置地温监测井，监测井与工程井深度相同，设置数量与位置要求应参考相关规范确定。

2.4.3　地埋管换热系统应设自动充液及泄漏报警系统。

## 3　地表水源热泵系统（江水、湖水等自然水体）

3.1　一般规定

3.1.1　地表水源热泵系统的应用应符合国家和当地政府的现行规范、规定与规划要求，以及水利、航道等政府管理部门的规定。

3.1.2　方案设计前应做必要的环境分析评估，综合考虑取水设施、回水设施、退水设施、水处理措施和经换热后对水体温度的影响等因素。

3.1.3　地表水地源热泵系统方案应根据工程的具体条件、地表水资源的勘察与环境评估等资料，经技术经济比较确定。

3.1.4　地表水源热泵系统所引起的地表水体温度波动范围：周平均最大温升不超过1℃，周平均最大温降不超过2℃。

3.2　设计原则

3.2.1　地表水源热泵系统的换热量应根据设计工况系统的取热量和释热量计算确定，并同时满足二者的需求量要求。

3.2.2　建筑同时存在空调冷负荷与空调热负荷或生活热水供热负荷时，宜选用有热回收功能的水源热泵机组。

3.2.3　应根据地表水源热泵系统对地表水体的温度影响限值，对其最大换热能力进行校核计算。

3.2.4　地表水源热泵系统不应采用软化、投药等化学方式进行水处理。

3.2.5　确定地表水源热泵系统的源侧取水口与回水（退水）口位置前，必须获得地表水水位的年变化规律与历史极端情况的一手资料。

3.2.6　地表水源热泵系统的源侧取水口与回水（退水）口的位置和距离应根据避免“热短路”的原则确定。取水口应选择水质较好的位置，且位于回水口的上游。取水口（或取水口附近一定范围）应设置污物初步阻拦过滤装置。取水口水流速度不宜大于1 m/s。

3.3　设计要点

3.3.1　地表水源热泵系统根据利用地表水方式的不同，可分为开式系统与闭式系统。前者直接从水体抽水和向水体排水，后者通过沉于水体中的换热器（地表水换热器）向水体排热或从水体取热。

3.3.2　所需换热量较大、地表水水质较好并经环境评估符合要求时，宜采用开式地表水源热泵系统；地表水水体环境保护要求较高、所需换热量较小、地表水水质较差且水体深度和温度适宜时，宜采用闭式（抛管式）地表水源热泵系统。

3.3.3　地表水源热泵系统的水泵额定设计工况的输送能效比（ER）不宜大于0.0362，并应采用变频控制，系统应变水量运行。

3.3.4　闭式地表水换热器的换热特性与规格应通过计算或试验确定。

3.3.5　地表水源热泵系统采用集中设置的机组时，应根据水源水质条件，通过技术经济分析，确定采用直接式或间接式系统；采用分散小型单元式机组时，宜设板式换热器间接换热。

3.3.6 地表水直接进入水源热泵机组时，应选择适合地表水水质要求的制冷剂–水热交换器机型，并应在水系统管路上预留用于机组清洗的旁通阀。

3.3.7 设中间水–水热交换器的开式系统，其水–水热交换器宜采用可拆式板式热交换器，热交换器地表水侧宜设反冲洗装置。

3.3.8 开式地表水源热泵系统的中间水–水热交换器选用板式换热器时，其设计接近温度（进换热器的地表水温度与出换热器的热泵侧循环水温度之差）不应大于2℃。

3.3.9 闭式地表水换热器的换热特性与规格应通过计算或试验确定。通常，南方地区换热器夏季设计进水温度可取31~36℃，北方地区可取18~20℃；南方地区换热器冬季设计进水温度可取3~8℃，北方地区可取0~3℃。

3.3.10 闭式地表水换热器选择计算时，夏季工况换热器的接近温度（换热器出水温度与水体温差值）为5~10℃，冬季工况换热器接近温度为2~6℃。

3.3.11 闭式地表水换热器单元的阻力不应大于100 kPa，换热器单元（组）的环路集管应采用同程布置形式。

3.3.12 开式地表水源热泵系统应采取有效的过滤、阻垢、灭藻和防腐等措施。其中，取水段过滤级数不应少于两级，第一级宜采用旋流除砂器，第二级过滤器目数不应少于60目。

3.3.13 地表水源热泵系统水下部分管道应采用化学稳定性好、耐腐蚀、比摩阻小、强度满足具体工程要求的非金属管材与管件。管材的公称压力与使用温度应满足工程要求。

3.3.14 地表水取水构筑物

1）地表水取水构筑物的设计应符合《室外给水设计标准》GB 50013—2018 的规定。

2）取水口应位于回水口的上游并尽可能远离，应避免取水与回水短路。

3）取水口应设置污物初步过滤装置和杀菌、防生物附着装置，并方便清洗。对于北方寒冷地区，应采取阻止冰絮堵塞的措施。

3.3.15 地表水取水口的流速一般宜采用以下数据（格栅的阻塞面积应按25%考虑）：

1）岸边式取水构筑物，有冰絮时为0.2~0.6 m/s，无冰絮时为0.5~1.0 m/s。

2）河床式取水构筑物，有冰絮时为0.1~0.3 m/s，无冰絮时为0.2~0.6 m/s。

3.4 监测与控制的特殊要求

3.4.1 监测取水与回水（退水）的流量与温度。

3.4.2 监测各类水过滤器的进出口压差。

3.4.3 监测不包括用户侧水系统输配能耗的系统供热/制冷能效比。

## 4 污水源热泵系统（此处主要指生活污水、城镇污水处理厂二级水、雨污合流系统截留的雨水）

4.1 一般规定

4.1.1 污水源热泵系统方案设计前，应由具有勘察设计资质的专业队伍进行详细的污水资源勘察，勘察的内容包括污水流量（包括逐时流速、水深、流量）、污水逐时温度、污水水质（包括生化指标和悬浮物指标）、污水管渠情况（包括管渠尺寸参数和管渠地质环境）及未来发展趋势。勘察时间段必须包括冬季最冷月份和夏季最热月份，每次连续测量的时间不短于10天，次数不少于5次，时间跨度范围不少于3个月。勘察的操作过程应符合相关规范规定。

4.1.2 勘察完成后应编写污水资源勘察报告、污水热能资源评估报告、技术经济性评估报告、环境评估与控制报告，作为工程方案书编写的依据和基础资料。

4.1.3 污水勘察报告和工程初步方案完成之后，应到项目所在地环境安全、卫生防疫等相关行政管理部门备案审批，进行污水应用的环境安全与卫生防疫安全评估，并获得相关的资源利用、施工作业的许可。

4.1.4 工程勘察和方案论证时，应将污水水源的充足性、安全性、稳定性以及未来的发展趋势作为工程实施的前提条件。技术论证应以防堵塞措施、防/除垢措施、换热可靠性及经济性等作为主要内容。

4.1.5 采用原生污水时，对应系统最大原生污水需求量时段的实测流量应至少大于需求量的25%。

4.1.6 引入水源热泵机组或中间热交换器的污水除原生污水外，均应满足《城市污水再生利用 工业用水水质》GB/T 19923—2005或《城市污水再生利用 城市杂用水水质》GB/T 18920—2002等标准的要求。

4.1.7 原生污水源热泵系统供热工况的污水退水温度应根据项目所在地的相关管理要求确定，且不应对污水处理工艺造成不良影响。

4.1.8 污水源热泵机组的选择应满足：可在设计最低进水温度下正常运行，且对应设计最低进水温度的热泵机组供热工况COP宜不低于3.5。

4.2 设计原则

4.2.1 冬季制热、夏季制冷的污水源热泵系统应以热负荷确定热泵机组的容量，不足的制冷需求由采用冷却塔散热的冷水机组提供。

4.2.2 原生污水计算温度应根据污水处理厂进水温度的历年统计资料值，结合取水点上游的污水热利用强度，通过计算确定；城镇污水处理厂二级水、中水的温度应根据取水部位，由污水处理厂的相应统计资料确定。

4.2.3 开式污水换热系统取水口应位于排水口的上游，且二者之间的距离不应小于取水口直径的20倍。

4.2.4 城镇污水处理厂二级水、中水换热系统的取水口应设在其最后一道处理工艺的下游。

4.2.5 原生污水换热系统取水口位置及取水构筑物形式应满足城镇规划与排水管理部门的要求。城镇污水处理厂二级水、中水换热系统取水口位置及取水构筑物形式不应影响污水处理工艺。

4.2.6 原生污水取水口设计：取水口处应设置连续反冲洗防堵装置，通过连续反冲洗防堵装置的污水进水最大允许流速宜小于0.5 m/s，通过连续反冲洗防堵装置的污水出水最小流速宜大于2.0 m/s。

4.2.7 水源侧系统设计前，应对水源水质进行检测并以检测结果作为水源换热方式和设备及管道系统材质选择的依据。

4.2.8 污水的可利用温差与污水源温度密切相关，冬季工况不同污水源温度 $t_{si}$ 的污水可利用温差 $\Delta t_s$ 如表4.2.8所示。

表4.2.8 冬季工况不同污水源温度 $t_{si}$ 的污水可利用温差 $\Delta t_s$（℃）

| $t_{si}$ / $\Delta t_s$ / 系统形式 | 7 | 8 | 9 | 10 | 11 | 12 | 13 | 14 | 15 | 16 | 17 |
|---|---|---|---|---|---|---|---|---|---|---|---|
| 间接式 | 1.6 | 2.2 | 2.7 | 3.2 | 3.7 | 4.3 | 4.8 | 5.4 | 5.9 | 6.3 | 6.9 |
| 直接式 | 2.7 | 3.6 | 4.6 | 5.5 | 6.4 | 7.3 | 8.2 | 9.1 | 10.0 | 10.9 | 11.8 |

当缓冲池的容积足够大时，资源评估流量宜采用平均流量；当缓冲池容积较小或者不设缓冲池时，资源评估流量应采用最小小时流量。缓冲池的临界容积计算方法参见本说明第4.3.14条。

4.2.9 污水源热泵系统通常采用集中设置机组的形式。对于输送距离很远的大型污水源热泵系统，为减少输送过程中的冷热量损失、节省管路投资，宜采用集中换热、远距离输送中介水、分散建设热泵站的半集中式污水源热泵系统。

4.2.10 城镇污水处理厂二级水、中水地源热泵系统宜采用间接式系统，原生污水地源热泵系统应采用间接式系统。以目前的技术发展水平和工程实践来看，推荐采用污水防阻机加管壳式污水换热器的技术方案。

4.2.11 一般不推荐采用污水直接进入水源热泵机组的系统形式。当采用此形式时，污水直接进入型水源热泵机组的制冷剂-水热交换器应能适合污水水质特点，且应在水系统管路上预留机组清洗用的旁通阀。

4.2.12 污水直接进入型水源热泵机组如需实现供热、供冷工况转换，应避免利用阀门组在水路进行切换，而应借助四通换向阀等部件在冷媒侧进行切换，禁止污水进入机组用户侧的制冷剂-水热交换器。

4.2.13 当小型污水源热泵工程有现成的坑池可作为污水换热池时，可选用闭式盘管浸泡式换热系统。当中小型污水源热泵工程的污水输送距离较远且容易进行开挖施工时，可选用输送换热式系统形式，即采用套管式换热器。

4.2.14 当采用浸泡式、输送换热式等热泵系统形式时，污水前端必须设置粗效过滤设备。

4.2.15 从运行安全可靠和调节控制灵活的角度考虑，污水源热泵系统的热泵主机宜选择多台。当热泵主机与防阻机和换热器台（套）数相差较大时，宜选用并联式或混联式连接方式；当热泵主机、防阻机、换热器三者的台（套）数相等时，宜选用单线式或单线跨越式连接方式。

4.2.16　污水源热泵的连接方式

1）单线式连接方式：是指1台污水一级泵、1台防阻机、1台污水二级泵、1台换热器、1台水源侧循环泵（中介水泵）、1台热泵主机、1台用户侧循环泵串联成一条“设备线”，而整个系统的各条“设备线”之间是完全独立的。当某条“设备线”发生堵塞时，维保人员可以快速确定故障位置，便于设备切换和检修。

2）单线跨越式连接方式：是在单线式系统的基础上，在两条“设备线”之间的污水一级管路、污水二级管路、中介水管路上加设常闭的跨越连通管，该连通管在系统正常运行时处于关闭状态，只在部分设备发生故障时开启。

3）并联连接方式：污水源热泵系统内的水泵、防阻机、换热器、热泵主机等主要设备均采用“同类并联”的方式连接，这也是普通空调冷热源系统的常见连接方式。当热泵主机与防阻机和换热器台（套）数相差较大，且用户可以接受系统停机一段时间以检查堵塞故障位置时，可采用此连接方式。该连接方式的管路比较简洁，节省占地空间。

4）混联连接方式：在相对容易发生堵塞故障的污水子系统采用单线式（或跨越式）连接，而相对不易发生堵塞故障的中介水子系统和末端循环水子系统采用并联连接。

4.3　设计要点

4.3.1　污水进、出中间换热器或热泵机组制冷剂–水热交换器的温差应小于或等于6℃。

4.3.2　污水中间换热器的选型应符合以下要求：

1）对于原生污水，应采用易于清洗、不易存污的管壳式或流道式等污水侧流道截面积较大、流道顺畅型换热器；对于二级水或中水，宜采用可拆卸板式换热器。

2）换热器选型计算采用的传热系数宜为800~1 000 W/( $m^2$·℃)，不应高于1 000 W/（$m^2$·℃），并宜根据水质情况对计算换热面积进行修正。

3）换热器阻力宜为70~80 kPa，不应大于100 kPa。

4）原生污水换热器材质宜为碳钢，二级水或中水板式换热器材质应根据水质检测数据选用，其材质的抗腐蚀性能不应低于不锈钢S316。

4.3.3　污水换热系统的过滤装置形式应根据所选择的换热器流道特点确定，宜采用连续反冲洗式过滤器。

4.3.4　污水管道的室外部分可采用承压水泥管或高密度聚乙烯塑料管，站房内可采用普通焊接钢管。

4.3.5　对于中大型污水源热泵系统，建议采用缓冲池引水、退水池退水的方式，将热泵系统与污水管渠完全隔离，保证系统运行的安全性。小型工程可考虑直接取水。

4.3.6　重力引、退水管路比压力管路更容易清理维护。污水管渠与缓冲池和退水池之间宜采用重力引、退水方式，宜采用混凝土管；缓冲池和退水池与换热机房之间宜采用压力引、退水方式，管道可采用普通钢管。

4.3.7 引、退水管路在长度超过200 m或坡度、走向等发生改变时，或者在管路分支的地方，应设置检修井。检修井的做法可参考城市给排水管道或供热管道的相关规范。

4.3.8 水源充足、水深满足安装要求的中小型污水源热泵工程，可采用平板式防阻机直接取水的方式，以节省机房占地和投资。

4.3.9 当污水管渠内的污水液面较浅或者取水比例较大时，为保证取水的水量和稳定性，可设置截流取水堰；当污水管渠内的污水流量充足时，为避免大尺度漂浮污物进入污水源热泵系统，可设置撇流取水堰。取水堰的设置须经相关部门审批。

4.3.10 当重力引、退水管路较长时，应设置污水闸门井，以便于污水管路的清理维护。

4.3.11 对于大型污水源热泵工程，缓冲池内应设置粗效过滤的机械格栅，且缓冲池宜建设在换热机房附近。

4.3.12 如果条件允许，缓冲池平均液面宜设计高于换热机房污水管路的最高点，操作平台应高于污水管渠的最高水位。

4.3.13 采用潜水泵取水，需要对水泵的维修进行全面的考虑。当缓冲池水深不足以设置潜水泵或缓冲池容积较小时，可选择缓冲池管道泵取水。

4.3.14 缓冲池起到“削峰填谷”作用的最小容积，被称作“调峰临界容积”，其计算公式如下：

$$V_p=0.3183\,kV_m T$$

式中：$V_p$——缓冲池调峰临界容积（$m^3$）；

$k$——流量变化幅度与平均流量之比；

$V_m$——污水管渠的小时平均流量（$m^3/h$）；

$T$——污水流量的变化周期（h），一般为24 h。

当污水缓冲池容积大于该临界容积时，系统设计可采用污水管渠的平均流量；否则，出于系统运行安全的考虑，应以污水管渠内的最小流量为设计值。

4.4 监测与控制的特殊要求

4.4.1 监测污水的供回水温度及其流量、介质水的供回水温度及流量。

4.4.2 监测各类水过滤器的进出口压差。

4.4.3 监测污水换热系统各换热器污水侧进出口压差。

4.4.4 监测不包括用户侧水系统输配能耗的系统供热/制冷能效比。

# 地源热泵系统施工说明

## 1 总则

1.1 地源热泵系统的施工应符合国家、行业以及地方现行有关标准、规范及规程的规定。

1.2 地源热泵系统地源侧部分施工前，应结合场地条件在详细踏勘的基础上制定周密的施工方案。

1.3 地源热泵系统地源侧部分的施工过程不应产生对地下设施的破坏且应尽量减轻对场地周边环境的影响。

1.4 所有隐蔽工程均应在履行严格的验收程序后方可回填覆盖，并应以适当的形式对其进行标记。

1.5 各种形式的取水、退水设施均应采取相应的防止产生次生灾害的措施。

1.6 本施工说明仅针对有特定施工要求的地埋管、地表水源和污水源热泵系统，其他类型地源热泵系统的施工应按设计文件要求及相关施工与验收规范执行。

## 2 地源侧系统的施工和验收

2.1 地埋管换热系统的施工

2.1.1 施工单位在进行地埋管换热系统施工前，应依据埋管区域的工程勘察资料、设计文件和施工图纸，完成相关的施工组织设计。

2.1.2 地埋管换热系统施工前应了解埋管场地内的既有地下管线以及其他地下构筑物的功能及其准确位置，并应进行地面清理，铲除地面杂草，清运杂物，平整地面。

2.1.3 进入现场的地埋管及管件应逐件进行外观检查，外观破损或不合格的产品严禁使用。地埋管运抵工地后，应以空气为介质进行试压检漏试验。聚乙烯管材与管件应符合《给水用聚乙烯（PE）管道系统　第1部分：总则》GB/T 13663.1—2017、《给水用聚乙烯（PE）管道系统　第2部分：管材》GB/T 13663.2—2018和《给水用聚乙烯（PE）管道系统　第3部分：管件》GB/T 13663.3—2018的要求。聚丁烯管材与管件应符合《冷热水用聚丁烯（PB）管道系统　第1部分：总则》GB/T 19473.1—2020、《冷热水用聚丁烯（PB）管道系统　第2部分：管材》GB/T 19473.2—2020和《冷热水用聚丁烯（PB）管道系统　第3部分：管件》GB/T 19473.3—2020的要求。

2.1.4 地埋管换热系统施工过程中，应严格检查并做好管材的保护工作。地埋管及管件存放时，不得在阳光下暴晒；搬运和运输时，应小心轻放，采用柔韧性好的皮带、吊带或吊绳进行装卸，不得抛摔或沿地拖曳。

2.1.5 管材连接应符合下列规定：

1）埋地管道应采用热熔或电熔连接。聚乙烯管道的连接应符合《埋地塑料给水管道工程技术规程》CJJ 101—2016的有关规定。

2）竖直地埋管换热器的U形弯管接头，宜选用定型的U形弯头成品件，不宜采用直管道煨制弯头。

3）竖直地埋管换热器U形管的组对长度应能满足插入钻孔后与环路集管的连接要求，已组对的U形管的两个开口端部应及时密封。

2.1.6 水平地埋管换热器铺设前，沟槽底部应先铺设相当于管径厚度的细砂。水平地埋管换热器安装时，应防止石块等重物撞击管身。管道不应有折断、扭结等缺陷，转弯处应光滑平顺，且应采取固定措施。

2.1.7 水平地埋管换热器的回填料应采用网孔尺寸不大于15 mm × 15 mm的筛子进行过筛，以保证回填料足够细小、松散、均匀，且不应含有尖利的岩石块或其他碎石。回填压实过程应保证各处填料状态一致，回填料应与管道紧密接触，且不得损伤管道。回填作业应在管道两侧同步进行，同一沟槽中有双排或多排管道时，管道之间的回填压实作业应与管道和槽壁之间的回填压实作业对称进行。各压实面的高差不宜超过300 mm。管腋部应采用人工回填，确保塞严、捣实。对分层管道进行回填时，应重点做好每一管道层上方150 mm范围内的回填工作。管道两侧和管顶以上500 mm范围内，应采用轻夯实方式，严禁将压实机具直接作用在管道上方而致管道受损。

2.1.8 竖直地埋管换热器U形管的安装工作应在已完钻的钻孔孔壁固化后立即进行。当钻孔孔壁不牢固或者由于空洞、洞穴等因素而导致成孔困难时，应设护壁套管。钻孔前，护壁套管应预先组装好，施钻完毕后应尽快将套管放入钻孔中，并立即将水充满套管，以防孔壁渗水使套管脱离孔底上浮，达不到预定埋设深度。下管过程中，U形管内宜充满水，并采取措施，比如每隔2~4 m设一弹簧卡（或固定支卡），以使U形管的两个支管处于分开状态，以提高换热效果。

2.1.9 竖直地埋管换热器U形管安装完毕后，应在第一次水压试验合格后立即灌浆回填封孔。当埋管深度超过40 m时，灌浆回填作业应在周围邻近的钻孔均钻凿完毕后进行，泥浆泵的泵压应足以使孔底的泥浆上返至地表，当上返泥浆密度与灌注材料的密度相等时，可认为灌浆过程结束。灌浆时，应保证灌浆的连续性，使灌浆液自下而上灌注封孔。应根据机械灌浆的速度而将灌浆管逐渐抽出，以确保钻孔灌浆密实、无空腔。

2.1.10 竖直地埋管换热器灌浆回填料宜采用膨润土和细砂（或水泥）的混合浆或专用灌浆材料。膨润土的比例宜占4%~6%。钻孔时取出的泥砂浆凝固后如收缩很小，也可用作灌浆材料。当地埋管换热器设在密实或坚硬的岩土体中时，宜采用水泥基料灌浆回填。

2.1.11 在地埋管换热器安装前、地埋管换热器与环路集管装配完成后以及地埋管换热系统全部安装完成后，均应对管道系统进行冲洗。

2.1.12 当室外环境温度低于0℃时，不宜进行地埋管换热器的施工。

## 2.2 地埋管换热系统的检验与验收

2.2.1 地埋管换热系统安装过程中，应进行现场检验，并应提供检验报告。检验内容应符合下列规定：

1）管材、管件等材料应符合国家现行标准的规定。

2）钻孔、水平埋管的位置和深度、地埋管的直径、壁厚及长度均应符合设计要求。

3）回填料及其配比应符合设计要求。

4）水压试验应合格。

5）各并联环路的流量应平衡，且应满足设计要求。

6）防冻剂和防腐剂的特性及浓度应符合设计要求。

7）循环水流量及进出水温差应符合设计要求。

2.2.2 地埋管换热系统的水压试验应符合下列规定：

1）试验压力：当工作压力小于或等于 1.0 MPa 时，应为工作压力的 1.5 倍，且不应小于 0.6 MPa；当工作压力大于 1.0 MPa 时，应为工作压力加 0.5 MPa。

2）水压试验步骤：

- 竖直地埋管换热器插入钻孔前，应做第一次水压试验；在试验压力下，稳压至少 15 min，稳压后压力降不应大于 3%，且无渗漏现象；将其密封后，在有压状态下插入钻孔中，完成灌浆之后保压 1 h。水平地埋管换热器放入沟槽前，应做第一次水压试验；在试验压力下，稳压至少 15 min，稳压后压力降不应大于 3%，且无泄漏现象。
- 竖直或水平地埋管换热器与环路集管装配完成后，回填前应进行第二次水压试验。在试验压力下，稳压至少 30 min，稳压后压力降不应大于 3%，且无泄漏现象。
- 环路集管与机房分集水器连接完成后，回填前应进行第三次水压试验。在试验压力下，稳压至少 2 h，且无泄漏现象。
- 地埋管换热系统全部安装完毕，且冲洗、排气及回填作业完成后，应进行第四次水压试验。在试验压力下，稳压至少 12 h，稳压后压力降不应大于 3%。

3）水压试验宜采用手动泵缓慢升压，升压过程中应随时观察与检查，不得有渗漏；不得以气压试验代替水压试验。

2.2.3 回填过程的检验工作应与地埋管换热器的安装作业同步进行。回填过程的检验内容包括对回填料的配比、混合程序、灌浆及封孔的检验。

2.3 地表水源（自然水源、污水源）换热系统的施工

2.3.1 施工单位在进行地表水源换热系统的施工前，应根据有关勘察资料、设计文件和施工图纸，完成施工组织设计。

2.3.2 地表水换热盘管的管材及管件应符合设计要求，并具有质量检验报告和产品合格证。换热盘管宜按照标准长度由厂家做成所需的预制件，且不应有扭曲现象。换热盘管的任何扭曲部分均应切除，未受损部分在熔接后须进行压力测试，合格后方可使用。换热盘管存放时，不得在阳光下暴晒。

2.3.3 地表水换热盘管一般固定在水体底部排架上，并在其下部安装衬垫物；衬垫物可采用废旧轮胎等。

2.3.4 供、回水管进入地表水源处应设明显标志。

2.3.5 地表水源换热系统在安装过程中应进行水压试验。水压试验应符合本说明第2.4.2条的规定。地表水源换热系统在安装前后均应对管道进行冲洗。

2.4 地表水源（自然水源、污水源）换热系统的检验与验收

2.4.1 地表水源换热系统在安装过程中，应进行现场检验，并应提供检验报告。检验内容应符合下列规定：

1）管材、管件等材料应具有产品合格证和性能检验报告。

2）换热盘管的长度、布置方式及管沟设置应符合设计要求。

3）水压试验应合格。

4）各环路的流量应平衡，且应满足设计要求。

5）防冻剂和防腐剂的特性及浓度应符合设计要求。

6）循环水流量及进出水温差应符合设计要求。

2.4.2 闭式地表水换热系统的水压试验应符合下列规定：

1）试验压力：当工作压力小于或等于1.0 MPa时，应为工作压力的1.5倍，且不应小于0.6 MPa；当工作压力大于1.0 MPa时，应为工作压力加0.5 MPa。

2）水压试验步骤：

• 换热盘管组装完成后，应进行第一次水压试验。在试验压力下，稳压至少15 min，稳压后压力降不应大于3%，且无泄漏现象。

• 换热盘管与环路集管装配完成后，应进行第二次水压试验。在试验压力下，稳压至少30 min，稳压后压力降不应大于3%，且无泄漏现象。

• 环路集管与机房分集水器连接完成后，应进行第三次水压试验。在试验压力下，稳压至少12 h，稳压后压力降不应大于3%。

2.4.3 开式地表水源换热系统的水压试验应符合《通风与空调工程施工质量验收规范》GB 50243—2016的规定。

## 3 冷热源机房内的施工

3.1 设备安装

3.1.1 水源热泵机组及建筑物内系统的安装应符合《制冷设备、空气分离设备安装工程施工及验收规范》GB 50274—2010及《通风与空调工程施工质量验收规范》GB 50243—2016的规定。

3.1.2 冷热源机房内的设备安装除应符合有关标准、规范的规定外，还应符合设备制造厂的技术要求。水源热泵机组、附属设备、管道、管件及阀门的型号、规格、性能及技术参数等应符合设计要求，并具备产品合格证、产品性能检验报告及产品说明书等文件。

3.1.3 设备基础必须待设备到货并与设计图纸核对无误后，方可按土建图纸施工。如设备的实际尺寸与图纸不符，应在按设备实际尺寸修改设备基础后再施工。

3.1.4 热泵机组、热交换器、分（集）水器等设备的安装，应使设备具有热位移的条件。

3.1.5 各种设备在进行安装前的开箱检查时，应对照订货合

同和设备技术文件清点主机、零部件及配套仪表是否齐全，检查各零部件是否有损坏、生锈现象，查验管口保护物堵盖是否完好，并核对其技术性能、参数与工程设计图纸的要求是否一致。确认上述各项指标合格后才能进行设备安装。

3.1.6 设备基础应稳固可靠；对于水泵等在运行中有振动的设备，宜设减振基础（座）。

3.1.7 对于设置在楼层内的冷热源机房，在设备安装时，应避免设备、安装材料集中堆放，以防楼板超载发生事故；对于具有大型设备的冷热源机房，在依托建筑的梁柱起吊移动设备前，必须复核梁柱的承载强度是否允许，且必须在设计单位书面同意后，方可进行吊装施工。

3.1.8 污水泵房、换热机房内必须设置排水沟和集水坑，集水坑内必须设置运行良好的自动排水水泵；每次清理维护作业后，应对排水沟和集水坑进行清洗。

3.1.9 污水泵房、换热机房必须设置通风换气设施，并保证其运行良好，营造良好的机房空气环境。

3.1.10 当中介水只在机房内循环时，可采用高位水箱进行补水定压。中介水可采用经软化处理的自来水或添加防冻剂的水溶液。

## 3.2 管道安装

3.2.1 管道安装的平面位置、标高、坡度、坡向应符合设计图纸的规定。在管道系统容易聚集气体的高点应设置集气罐、排气阀及排气管；在管道系统的低点应设置泄水阀和排水管。

3.2.2 管道材质：本图集中以公称直径（DN××）表示的管道可采用无缝钢管或焊接钢管，以外径乘壁厚（D×××××）表示的管道为无缝钢管，以公称外径（dn××）表示的管道为非金属管。所采用的无缝钢管应符合《输送流体用无缝钢管》GB/T 8163—2018 的规定，焊接钢管应符合《低压流体输送用焊接钢管》GB/T 3091—2015 的规定。

输送乙二醇溶液的管道系统，不得使用内壁镀锌管道及配件。

3.2.3 管道阀门：阀门安装前应核对其型号、规格、设计参数与设计图纸是否一致，并应有出厂合格证书。阀门的设计使用温度和工作压力不得小于其相应安装管道系统的最高工作温度和最高工作压力。阀门的安装方向应与介质的流动方向一致。

3.2.4 管道连接：冷热源机房内的管道，在与设备或阀门、仪表的连接点处因后者要求可采用法兰连接或螺纹连接，除此之外一般都应采用焊接连接。其焊接工艺和质量应符合《现场设备、工业管道焊接工程施工规范》GB 50236—2011 的规定；工作压力≤ 1.0 MPa、公称直径≤ DN50 的流体管道可采用螺纹连接，但其最小壁厚不得小于表 3.2.4 的规定。

表 3.2.4 采用螺纹连接的流体管道的最小壁厚

| 公称直径 DN（mm） | 普通钢管的最小厚度（mm） | 加厚钢管的最小厚度（mm） |
|---|---|---|
| 15 | 2.75 | 3.25 |
| 20 | 2.75 | 3.50 |

续表

| 公称直径 DN（mm） | 普通钢管的最小厚度（mm） | 加厚钢管的最小厚度（mm） |
| --- | --- | --- |
| 25 | 3.25 | 4.00 |
| 32 | 3.25 | 4.00 |
| 40 | 3.50 | 4.25 |
| 50 | 3.50 | 4.50 |

对于有腐蚀的流体管道（如乙二醇管路和水处理系统的盐液管）、扭矩大的管道、有振动的管道等，不宜采用螺纹连接。

3.2.5 动力管道支吊架：管道支吊架的安装，应保证管道系统的安全运行。固定支架的设置由设计单位确定，滑动支吊架的设置由施工单位确定，其做法可参照《室内管道支吊架》05R417-1。

3.2.6 与设备连接的管道，应在适当位置设置支吊架，以保证管道系统的重量不由设备支承；与水泵连接的管道，在水泵的进出口处应设置柔性接头，以防泵类设备或管道系统的振动相互影响。

3.2.7 管道安装需要设置的支吊架预埋件与需要在建筑基础、墙体、楼板、屋面上预留的孔洞和预埋套管，应配合土建施工同时进行。管道穿过屋面时应设防雨设施，其做法可参照《管道穿墙、屋面套管》18R409。

3.2.8 污水源热泵系统的污水管路的安装以平、直为基本原则。在容易造成管路堵塞的弯头或三通处，应设置清扫口，平时以盲板封闭。

3.2.9 污水设备或管路的泄水管道以及污水的排气管道，均必须连接至排水沟。

3.2.10 为避免污水子系统的频繁排气和有氧腐蚀，在污水进出机房的位置，应设置高于机房污水子管路最高点的上返弯管。

3.3 压力试验

3.3.1 容器和管道系统的压力试验一般要求使用常温净水，在环境温度不低于5℃的条件下进行。当试压系统采用奥氏体不锈钢材质的管道或设备时，试压用水中氯离子含量不超过25 ppm即可。

3.3.2 主要设备及管道附件的设计压力不得小于管道系统的设计压力，其压力试验应符合制造厂的技术文件要求。

3.3.3 管道系统按设计图纸安装完毕后，在涂漆、保温施工作业前，应先进行质量检查，质量检查合格且吹扫洁净后再进行管道系统的压力试验。

3.3.4 管道系统的试验压力应符合《通风与空调工程施工质量验收规范》GB 50243—2016的规定。当工作压力小于或等于1.0 MPa时，应为工作压力的1.5倍，且不应小于0.6 MPa；当工作压力大于1.0 MPa时，应为工作压力加0.5 MPa。

3.3.5 对于大型或高层建筑垂直位差较大的冷热水管道系统，宜采用分区、分层试压和系统试压相结合的方法，一般建筑可采用系统试压方法。

1）分区、分层试压：对相对独立的局部区域的管道进行试压。

2）系统试压：在各分区管道与系统主、干管全部连通后，对整个系统的管道进行系统的试压。试验压力以最低点的压力为准，但最低点的压力不得超过管道与组成件的承压能力。

3）水压试验升压前，系统应先注满水并排尽空气，然后缓慢升压，待达到试验压力后，稳压 10 min，压力下降不得超过 0.02 MPa，再将试验压力降至设计工作压力，稳压 30 min，以压力不降且无渗漏为合格。

3.3.6　管道试验合格后应按《工业金属管道工程施工规范》GB 50235—2010 的规定进行吹扫和清洗。

### 3.4　刷漆和保温

设备和管道的刷漆应在压力试验合格后进行，保温应在刷漆后进行。阀门、法兰部位的保温结构应易于拆装。

#### 3.4.1　防腐刷漆

1）不保温的钢制设备、管道应先涂 2 道防锈漆，再涂刷 1 道调和漆。开式补冷水箱内外壁均应涂刷 2 道防锈漆，外侧再刷 2 道沥青漆。

2）保温钢制设备外表面应刷 2 道防锈漆，除氧水箱、凝结水箱、热水箱等设备内壁宜刷 2 道沥青锅炉漆。

3）保温管道及其钢制组件表面刷 2 道防锈漆；当保温结构用黑铁皮作保护层时，应在黑铁皮内外表面各刷 2 道防锈漆，外表面再刷 2 道铝粉漆。

4）钢制管道支吊架、平台扶梯应先刷 2 道防锈漆再刷 1 道调和漆。

5）有色金属管道、不锈钢管道、镀锌钢管以及镀锌铁皮和铝皮保护层不宜刷漆，由工厂制备的已做过防腐刷漆的设备及管道成品件不再刷漆。

#### 3.4.2　保温

1）输送介质温度低于周围空气露点温度的管道，宜采用闭孔性绝热材料保冷；当采用非闭孔性绝热材料时，其隔汽层（防潮层）必须完整，且封闭良好。热力设备和热力管道，当其运行时表面温度大于 50℃时均应保温，表面温度为 35 ~ 50℃时宜考虑保温。

2）绝热和保温材料应为合格产品，其性能参数应符合设计要求。其保冷结构和保冷层厚度的规定参见《管道与设备绝热——保冷》08K507-2，保温结构和保温层厚度的规定参见《管道与设备绝热——保温》08K507-1。

3）设备和管道上需要拆卸维修部位（如阀门、法兰、人孔等）的保温结构，应做成可拆卸式结构。

#### 3.4.3　管道漆色

具体的刷色规定详见表 3.4.3，且应符合下列规定：

1）冷热源机房的管道表面或其保温层表面的油漆颜色可参照《工业管道的基本识别色、识别符号和安全标识》

GB 7231—2016 的规定。

2）管道上宜有表示介质流动方向的箭头。当介质有两个方向流动的可能性时，应同时标出两个方向相反的箭头。箭头一般漆成白色或黄色，当管道底色较浅时则将箭头漆成深色。

3）管道色环的宽度（按管子或保温层外径大小考虑）：管道外径小于 150 mm 时，色环宽 50 mm；外径 150~300 mm 时，色环宽 70 mm；外径大于 300 mm 时，色环宽 100 mm。色环的间距应视具体情况而定，以分布均匀、便于观察为原则。除管道弯头及穿墙处必须加色环外，直管段上的色环间距一般为 1.0~2.5 m。

表 3.4.3　管道刷色

| 管道名称＼颜色类别 | 基本识别色 | 安全色 |
|---|---|---|
| 排气管 | 红 | — |
| 生水管 | 绿 | 黄 |
| $t$＜100℃热水管 | 绿 | 白 |
| 软化水管 | 绿 | 黄 |
| 盐水管 | 绿 | 黑 |

3.5　监控仪表

冷热源机房内监控仪表的安装应符合设计图纸和《自动化仪表工程施工及质量验收规范》GB 50093—2013 的规定，并符合仪表制造厂的要求。

## 4　建筑物内空调末端系统施工、检验与验收

建筑物内系统的安装应符合《制冷设备、空气分离设备安装工程施工及验收规范》GB 50274—2010 及《通风与空调工程施工质量验收规范》GB 50243—2016 的规定。

## 5　整体运转、调试与验收

5.1　地源热泵系统交付使用前，应进行整体运转、调试与验收。

5.2　地源热泵系统整体运转与调试应符合下列规定：

空调系统安装竣工并经试压、冲洗合格后，应进行必要的清扫。全部完成后，即可投入试运行，进行测定与调整。

5.2.1　整体运转与调试前应制定整体运转与调试方案，并报送专业监理工程师审核批准。

5.2.2　应先进行设备单机试运转。水泵、风机、空调机组等设备，应逐台启动投入运转，从设备基础的牢固性、转向的灵活性、机械传动的平顺性、润滑的可靠性、平衡的精确性和温升的合理性等角度予以考核检查。

5.2.3　水源热泵机组试运转前应进行水系统及风系统平衡调试，以确保系统循环总流量、各分支流量及各末端设备流量均达到设计要求。

5.2.4　水力平衡调试完成后，应进行水源热泵机组的试运转，并填写运转记录，实测运行数据应达到设备的技术要求。

5.2.5　水源热泵机组试运转正常后，应进行连续 24 h 的系统试运转，并填写运转记录。

5.2.6 地源热泵系统调试应分冬、夏两季进行，且调试结果应达到设计要求。调试完成后应编写调试报告及运行操作规程，并对地源热泵系统的实测性能做出评价。

5.2.7 系统运转正常后，应进行自控系统的调整。将各个自控环节逐一投入运行，按设计要求调整设定值，逐一检查，考核其动作的准确性与可靠性，直至系统的各项控制指标均符合设计要求为止。

5.2.8 地源热泵系统试运转需测定与调整的主要内容包括：

1）系统的压力、温度、流量等各项技术数据均应符合有关技术文件的规定。

2）系统连续运行应达到正常平稳状态；水泵的压力和水泵电机的电流不应出现大幅波动。

3）各种自动计量检测元件和执行机构的工作应正常，满足建筑设备自动化系统对被测定参数进行监测和控制的要求。

4）控制和检测设备应能与自控系统的检测元件和执行机构正常交互，系统的状态参数应能正常显示，设备的联动、连锁、自动调节和自动保护功能应能正确动作。

5.2.9 测试报告应包括调试前的准备记录，以及水力平衡调试、机组及系统试运转的全部测试数据。

5.3 地源热泵系统整体验收前，应进行冬、夏两季运行测试，并对地源热泵系统的实测性能做出评价。地源热泵系统的冬、夏两季运行测试包括对室内空气参数及系统运行能耗的测定。系统运行能耗应包括所有水源热泵机组、水泵和末端设备的能耗。

5.4 地源热泵系统整体运转、调试与验收应符合《地源热泵系统工程技术规范》GB 50366—2005（2009年版）、《通风与空调工程施工质量验收规范》GB 50243—2016和《制冷设备、空气分离设备安装工程施工及验收规范》GB 50274—2010的规定。

| 图例 | 说明 |
| --- | --- |
| CS | 冷冻水供水管 |
| CR | 冷冻水回水管 |
| HS | 空调热水供水管 |
| HR | 空调热水回水管 |
| CHS | 空调冷、热水供水管 |
| CHR | 空调冷、热水回水管 |
| CTS | 冷却水供水管 |
| CTR | 冷却水回水管 |
| GS | 地源侧供水管 |
| GR | 地源侧回水管 |
| DHS | 生活热水供水管 |

| 图例 | 说明 |
| --- | --- |
| DHR | 生活热水回水管 |
| WS | 污废水供水管 |
| WR | 污废水回水管 |
| D | 排水管 |
| E | 膨胀水管 |
| MU | 补水管 |
|  | 水泵 |
|  | 压力表 |
|  | 温度计 |
| F.M | 流量计（水表） |
|  | 自动排气阀 |

| 图例 | 说明 |
| --- | --- |
|  | 橡胶软接管 |
|  | 止回阀 |
|  | Y型汽/水过滤器 |
|  | 电动双位碟阀 |
|  | 电动二通调节阀 |
|  | 闸阀 |
|  | 蝶阀 |
|  | 球阀 |
|  | 静态平衡阀 |
| F | 流量传感器 |
| ΔP | 压差传感器 |

# 地源热泵系统图例

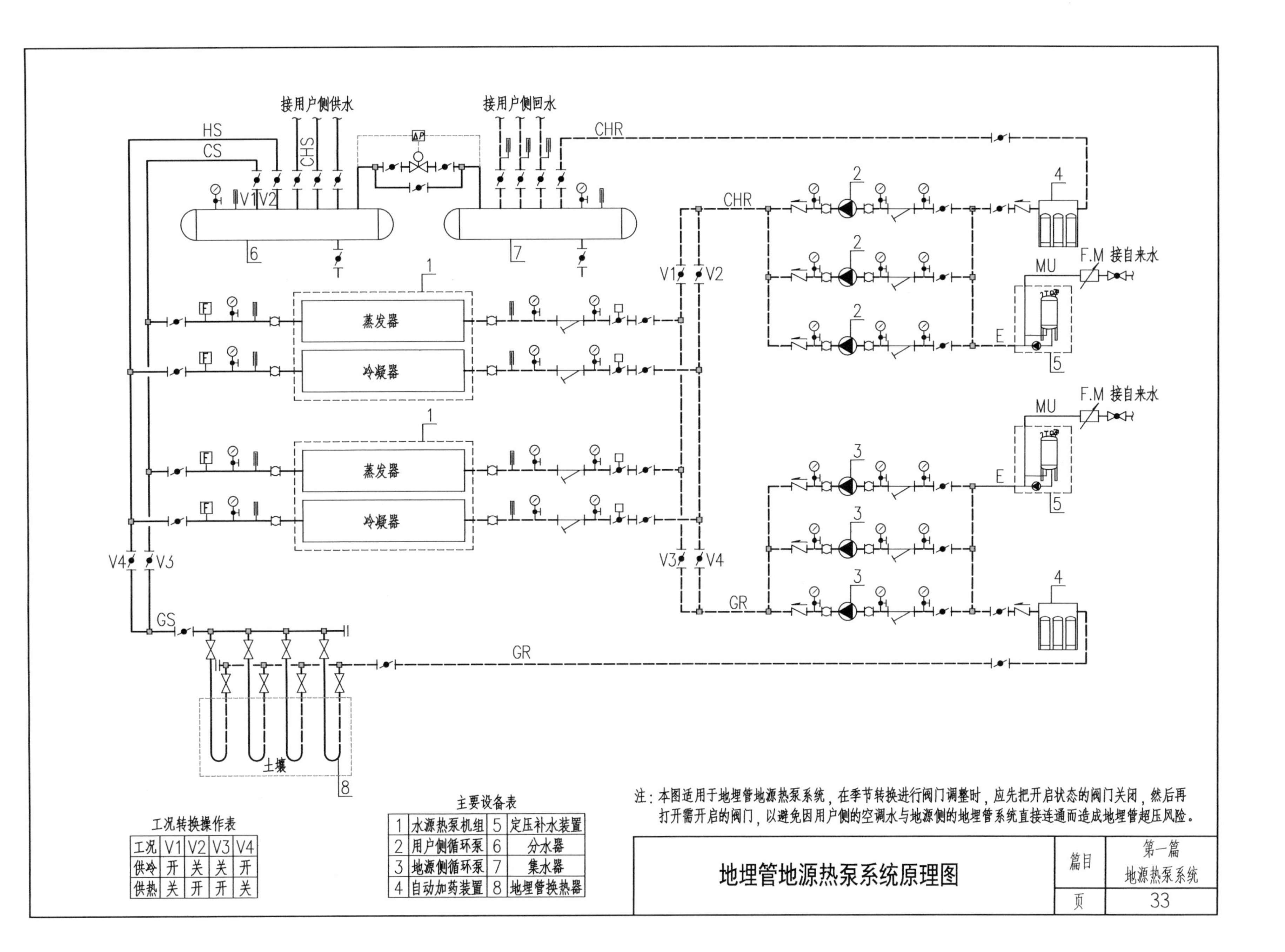


主要设备表

| 1 | 水源热泵机组 | 5 | 定压补水装置 |
|---|---|---|---|
| 2 | 用户侧循环泵 | 6 | 分水器 |
| 3 | 地源侧循环泵 | 7 | 集水器 |
| 4 | 自动加药装置 | 8 | 地埋管换热器 |

工况转换操作表

| 工况 | V1 | V2 | V3 | V4 |
|---|---|---|---|---|
| 供冷 | 开 | 关 | 关 | 开 |
| 供热 | 关 | 开 | 开 | 关 |

注：本图适用于地埋管地源热泵系统，在季节转换进行阀门调整时，应先把开启状态的阀门关闭，然后再打开需开启的阀门，以避免因用户侧的空调水与地源侧的地埋管系统直接连通而造成地埋管超压风险。

# 地埋管地源热泵系统原理图

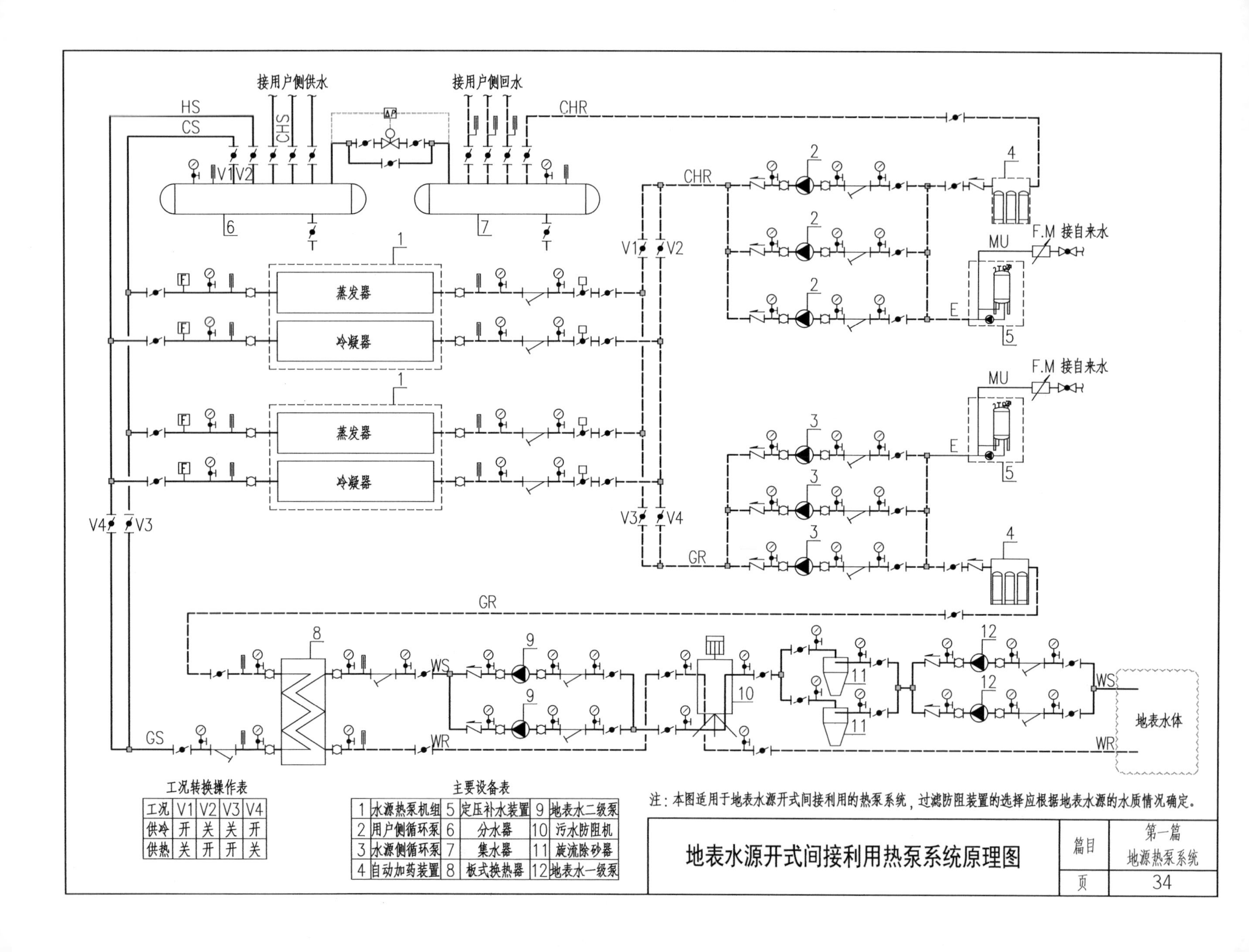


工况转换操作表

| 工况 | V1 | V2 | V3 | V4 |
|---|---|---|---|---|
| 供冷 | 开 | 关 | 关 | 开 |
| 供热 | 关 | 开 | 开 | 关 |

主要设备表

| | | | | | |
|---|---|---|---|---|---|
| 1 | 水源热泵机组 | 5 | 定压补水装置 | 9 | 地表水二级泵 |
| 2 | 用户侧循环泵 | 6 | 分水器 | 10 | 污水防阻机 |
| 3 | 水源侧循环泵 | 7 | 集水器 | 11 | 旋流除砂器 |
| 4 | 自动加药装置 | 8 | 板式换热器 | 12 | 地表水一级泵 |

注：本图适用于地表水源开式间接利用的热泵系统，过滤防阻装置的选择应根据地表水源的水质情况确定。

## 地表水源开式间接利用热泵系统原理图

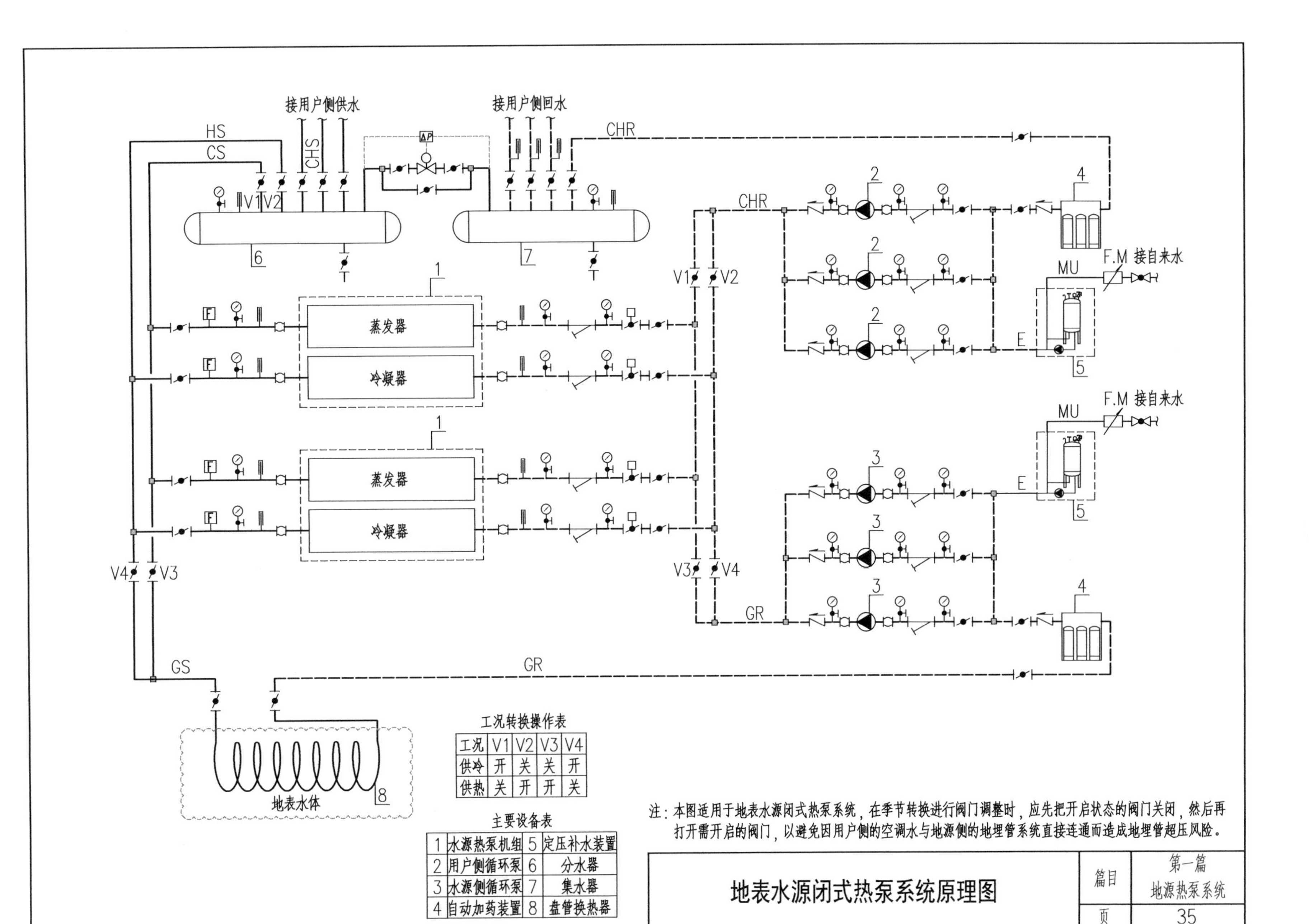


工况转换操作表

| 工况 | V1 | V2 | V3 | V4 |
|---|---|---|---|---|
| 供冷 | 开 | 关 | 关 | 开 |
| 供热 | 关 | 开 | 开 | 关 |

主要设备表

| | | | |
|---|---|---|---|
| 1 | 水源热泵机组 | 5 | 定压补水装置 |
| 2 | 用户侧循环泵 | 6 | 分水器 |
| 3 | 水源侧循环泵 | 7 | 集水器 |
| 4 | 自动加药装置 | 8 | 盘管换热器 |

注：本图适用于地表水源闭式热泵系统，在季节转换进行阀门调整时，应先把开启状态的阀门关闭，然后再打开需开启的阀门，以避免因用户侧的空调水与地源侧的地埋管系统直接连通而造成地埋管超压风险。

# 地表水源闭式热泵系统原理图

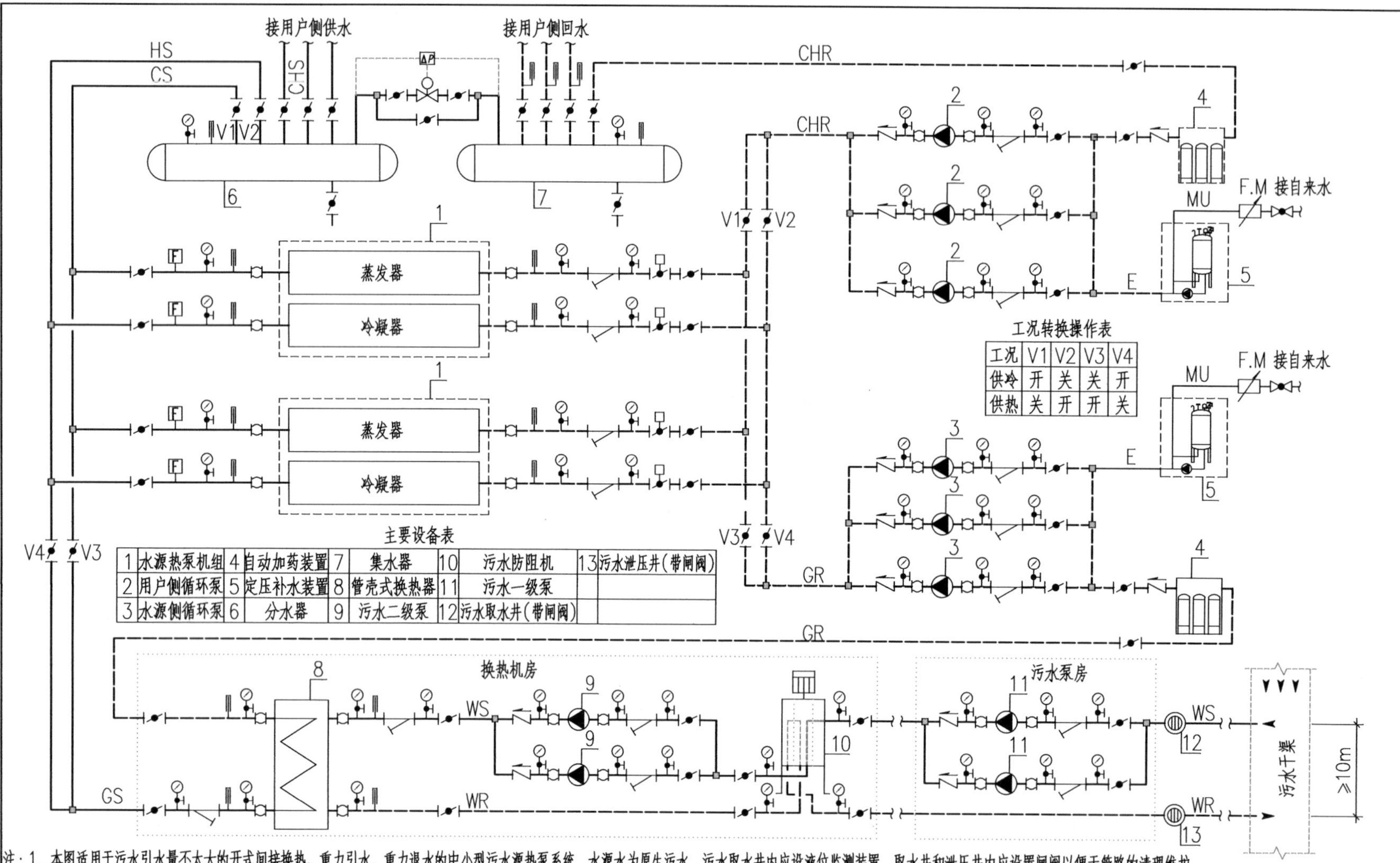


工况转换操作表

| 工况 | V1 | V2 | V3 | V4 |
|---|---|---|---|---|
| 供冷 | 开 | 关 | 关 | 开 |
| 供热 | 关 | 开 | 开 | 关 |

主要设备表

| | | | | | | | | | |
|---|---|---|---|---|---|---|---|---|---|
| 1 | 水源热泵机组 | 4 | 自动加药装置 | 7 | 集水器 | 10 | 污水防阻机 | 13 | 污水泄压井(带闸阀) |
| 2 | 用户侧循环泵 | 5 | 定压补水装置 | 8 | 管壳式换热器 | 11 | 污水一级泵 | | |
| 3 | 水源侧循环泵 | 6 | 分水器 | 9 | 污水二级泵 | 12 | 污水取水井(带闸阀) | | |

注：1. 本图适用于污水引水量不太大的开式间接换热、重力引水、重力退水的中小型污水源热泵系统，水源水为原生污水，污水取水井内应设液位监测装置，取水井和泄压井内应设置闸阀以便于管路的清理维护。

2. 污水干渠与取水井或泄压井之间宜采用重力引水、重力退水方式（通常为非满管流），宜采用混凝土管，管路坡度应取0.003~0.01，坡向与流向相同；当退水管道坡度无法满足要求时，应在泄压井内设置退水泵进行压力退水（通常为满管流）。

3. 引、退水管路在长度超过200m，或管路坡度发生改变，或管路方向发生改变，或管路分支的地方，还应设置检查井，其具体做法参考《给水排水工程构筑物结构设计规范》GB 50069-2002。

4. 对于污水引水量较大的中大型污水源热泵系统，应将图中的污水取水井和污水泄压井分别改为污水缓冲池和退水池。

5. 取水井或泄压井，与污水泵房以及换热机房之间的管路通常采用普通钢管。

6. 污水泵房必须单独设置，且应通风良好；污水防阻机通常设在换热机房内，也可设置在污水泵房内。

7. 污水防阻机通常采用圆筒式防阻机，其结构原理参考本图集第49页。

## 污水源开式间接利用热泵系统原理图

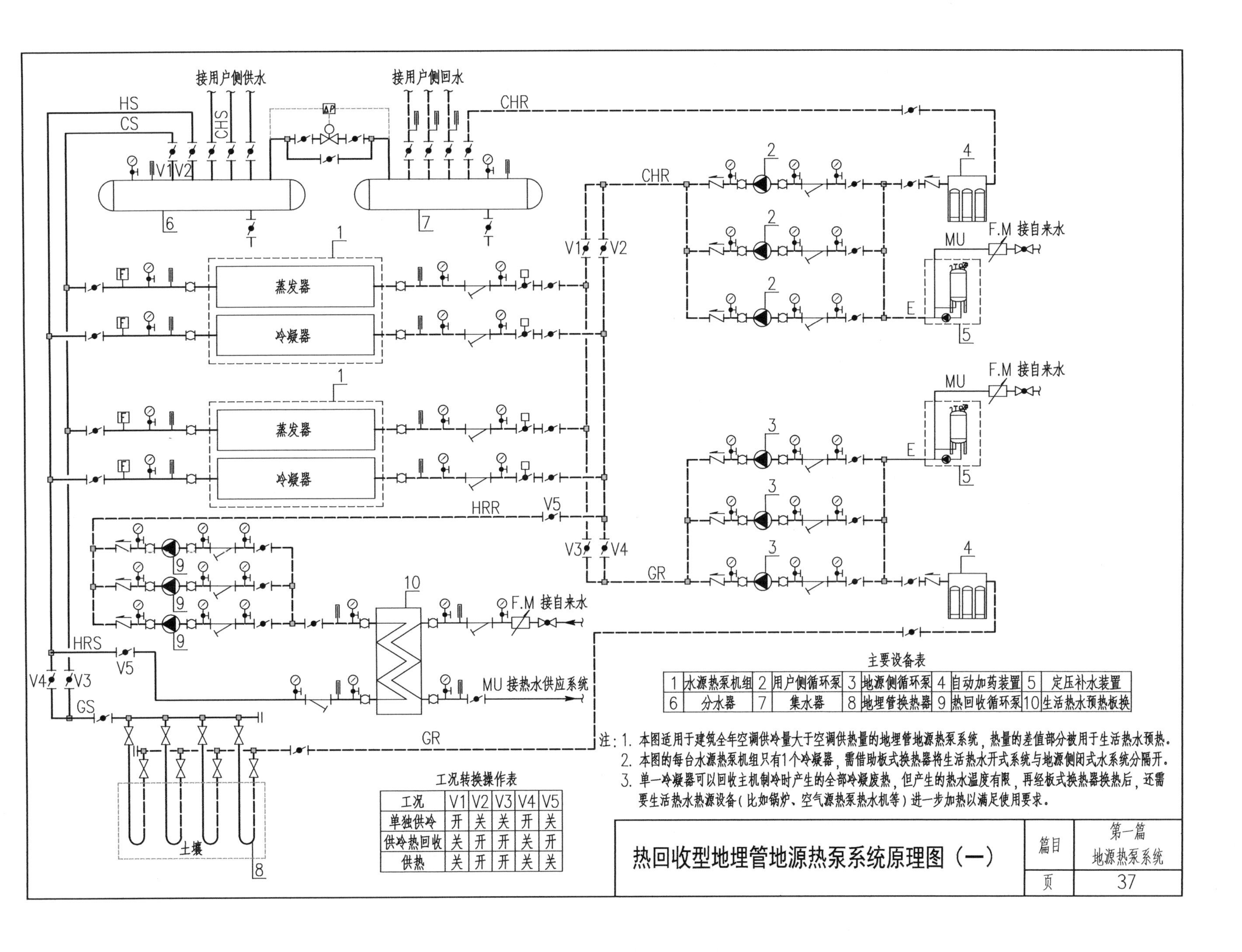


主要设备表

| 1 | 水源热泵机组 | 2 | 用户侧循环泵 | 3 | 地源侧循环泵 | 4 | 自动加药装置 | 5 | 定压补水装置 |
|---|---|---|---|---|---|---|---|---|---|
| 6 | 分水器 | 7 | 集水器 | 8 | 地埋管换热器 | 9 | 热回收循环泵 | 10 | 生活热水预热板换 |

工况转换操作表

| 工况 | V1 | V2 | V3 | V4 | V5 |
|---|---|---|---|---|---|
| 单独供冷 | 开 | 关 | 关 | 开 | 关 |
| 供冷热回收 | 关 | 开 | 开 | 关 | 开 |
| 供热 | 关 | 开 | 开 | 关 | 关 |

注：1. 本图适用于建筑全年空调供冷量大于空调供热量的地埋管地源热泵系统，热量的差值部分被用于生活热水预热。
2. 本图的每台水源热泵机组只有1个冷凝器，需借助板式换热器将生活热水开式系统与地源侧闭式水系统分隔开。
3. 单一冷凝器可以回收主机制冷时产生的全部冷凝废热，但产生的热水温度有限，再经板式换热器换热后，还需要生活热水热源设备（比如锅炉、空气源热泵热水机等）进一步加热以满足使用要求。

热回收型地埋管地源热泵系统原理图（一）

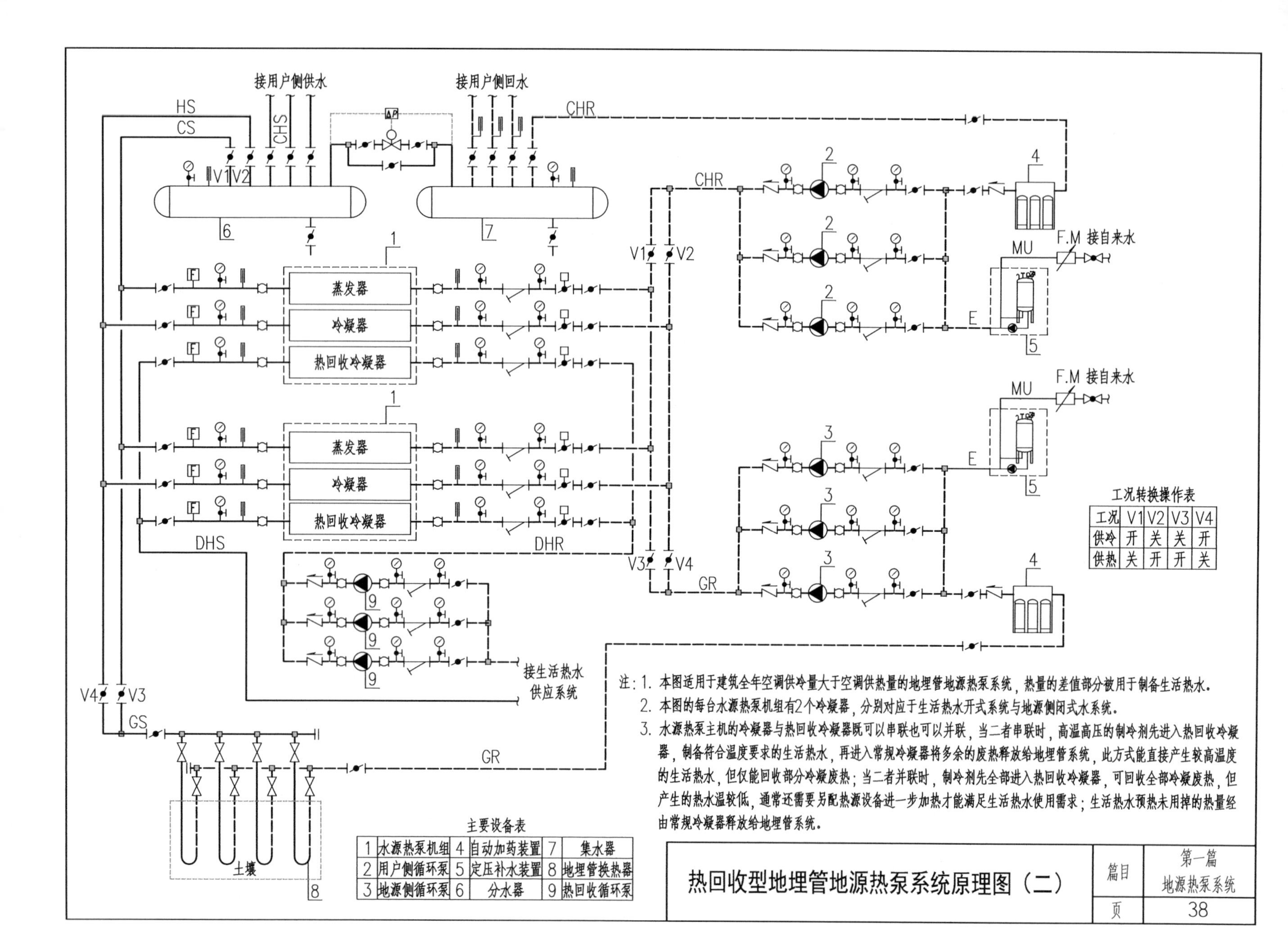


工况转换操作表

| 工况 | V1 | V2 | V3 | V4 |
|---|---|---|---|---|
| 供冷 | 开 | 关 | 关 | 开 |
| 供热 | 关 | 开 | 开 | 关 |

注：1. 本图适用于建筑全年空调供冷量大于空调供热量的地埋管地源热泵系统，热量的差值部分被用于制备生活热水。

2. 本图的每台水源热泵机组有2个冷凝器，分别对应于生活热水开式系统与地源侧闭式水系统。

3. 水源热泵主机的冷凝器与热回收冷凝器既可以串联也可以并联，当二者串联时，高温高压的制冷剂先进入热回收冷凝器，制备符合温度要求的生活热水，再进入常规冷凝器将多余的废热释放给地埋管系统，此方式能直接产生较高温度的生活热水，但仅能回收部分冷凝废热；当二者并联时，制冷剂先全部进入热回收冷凝器，可回收全部冷凝废热，但产生的热水温较低，通常还需要另配热源设备进一步加热才能满足生活热水使用需求；生活热水预热未用掉的热量经由常规冷凝器释放给地埋管系统。

主要设备表

| | | | | | |
|---|---|---|---|---|---|
| 1 | 水源热泵机组 | 4 | 自动加药装置 | 7 | 集水器 |
| 2 | 用户侧循环泵 | 5 | 定压补水装置 | 8 | 地埋管换热器 |
| 3 | 地源侧循环泵 | 6 | 分水器 | 9 | 热回收循环泵 |

# 热回收型地埋管地源热泵系统原理图（二）

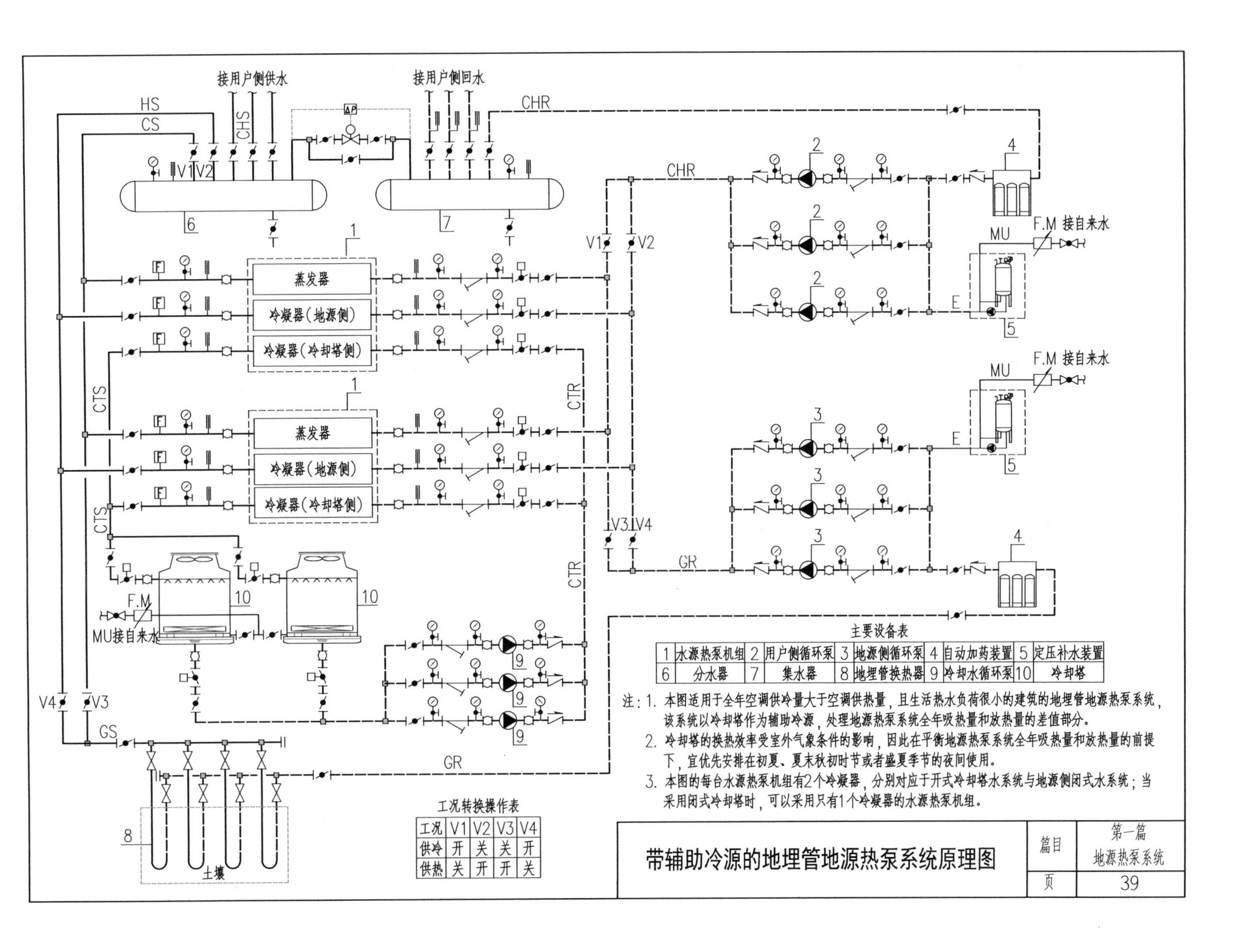


主要设备表

| 1 | 水源热泵机组 | 2 | 用户侧循环泵 | 3 | 地源侧循环泵 | 4 | 自动加药装置 | 5 | 定压补水装置 |
|---|---|---|---|---|---|---|---|---|---|
| 6 | 分水器 | 7 | 集水器 | 8 | 地埋管换热器 | 9 | 冷却水循环泵 | 10 | 冷却塔 |

注：1. 本图适用于全年空调供冷量大于空调供热量，且生活热水负荷很小的建筑的地埋管地源热泵系统，该系统以冷却塔作为辅助冷源，处理地源热泵系统全年吸热量和放热量的差值部分。

2. 冷却塔的换热效率受室外气象条件的影响，因此在平衡地源热泵系统全年吸热量和放热量的前提下，宜优先安排在初夏、夏末秋初时节或者盛夏季节的夜间使用。

3. 本图的每台水源热泵机组有2个冷凝器，分别对应于开式冷却塔水系统与地源侧闭式水系统；当采用闭式冷却塔时，可以采用只有1个冷凝器的水源热泵机组。

工况转换操作表

| 工况 | V1 | V2 | V3 | V4 |
|---|---|---|---|---|
| 供冷 | 开 | 关 | 关 | 开 |
| 供热 | 关 | 开 | 开 | 关 |

# 带辅助冷源的地埋管地源热泵系统原理图

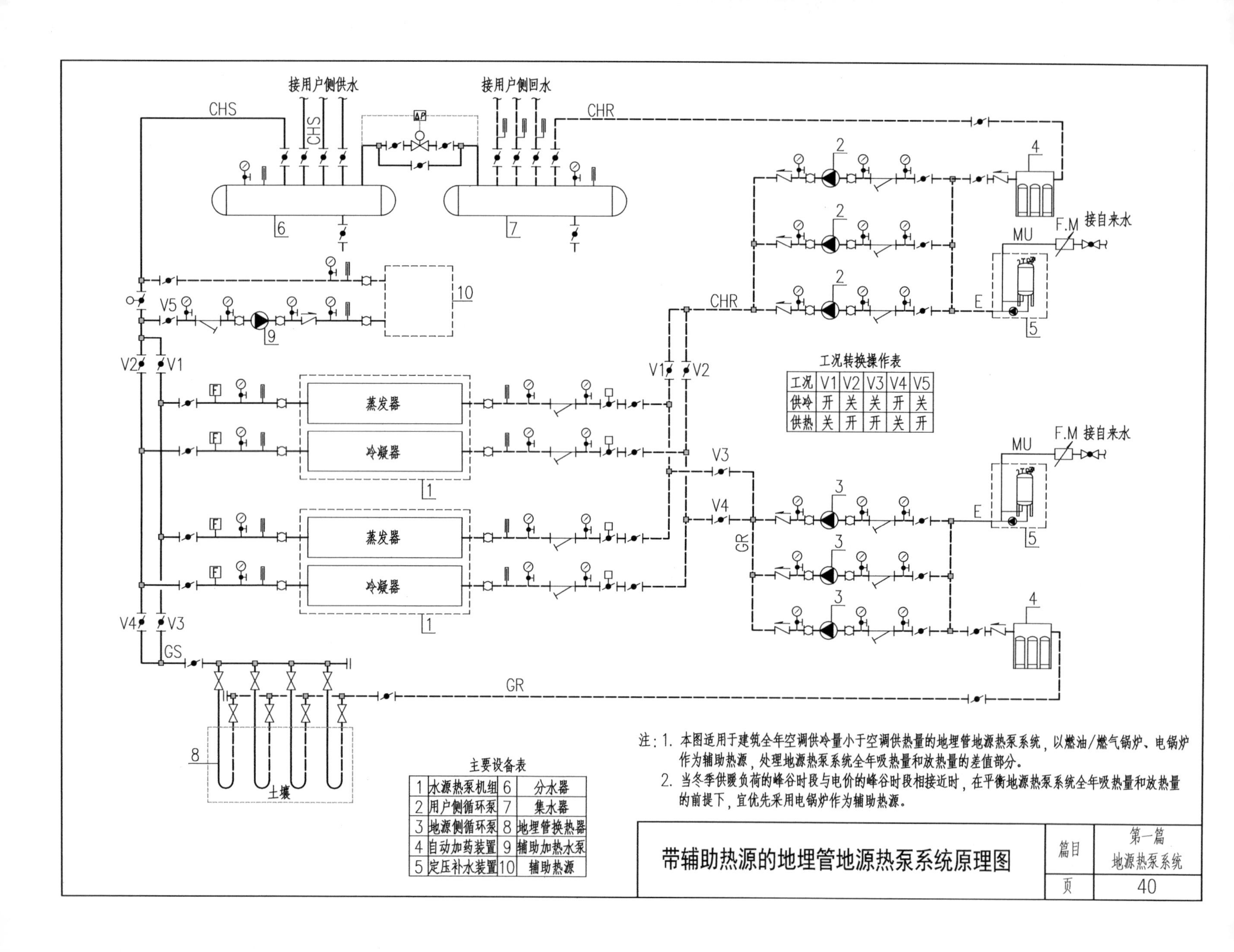


工况转换操作表

| 工况 | V1 | V2 | V3 | V4 | V5 |
| --- | --- | --- | --- | --- | --- |
| 供冷 | 开 | 关 | 关 | 开 | 关 |
| 供热 | 关 | 开 | 开 | 关 | 开 |

主要设备表

| | | | |
| --- | --- | --- | --- |
| 1 | 水源热泵机组 | 6 | 分水器 |
| 2 | 用户侧循环泵 | 7 | 集水器 |
| 3 | 地源侧循环泵 | 8 | 地埋管换热器 |
| 4 | 自动加药装置 | 9 | 辅助加热水泵 |
| 5 | 定压补水装置 | 10 | 辅助热源 |

注：1. 本图适用于建筑全年空调供冷量小于空调供热量的地埋管地源热泵系统，以燃油/燃气锅炉、电锅炉作为辅助热源，处理地源热泵系统全年吸热量和放热量的差值部分。

2. 当冬季供暖负荷的峰谷时段与电价的峰谷时段相接近时，在平衡地源热泵系统全年吸热量和放热量的前提下，宜优先采用电锅炉作为辅助热源。

# 带辅助热源的地埋管地源热泵系统原理图

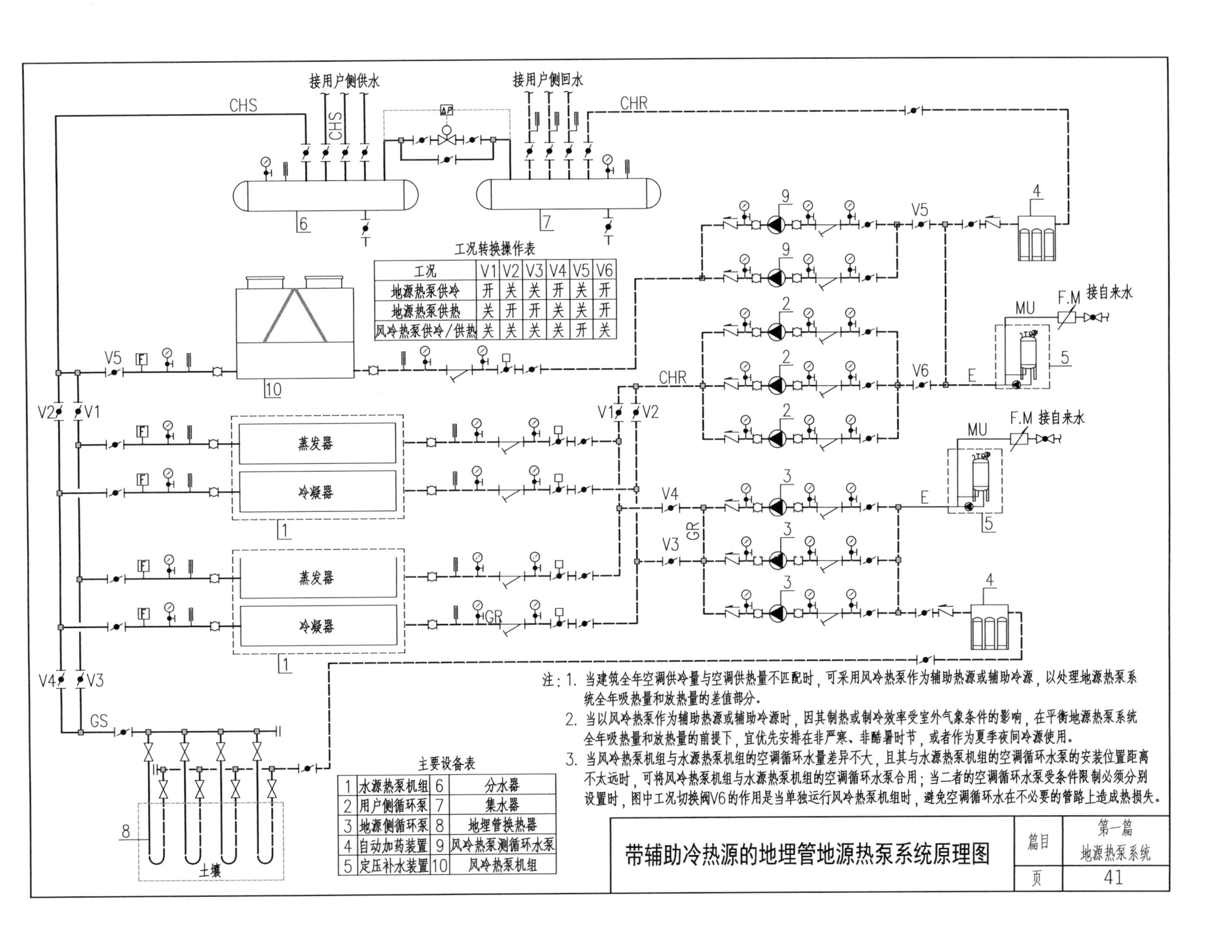


工况转换操作表

| 工况 | V1 | V2 | V3 | V4 | V5 | V6 |
|---|---|---|---|---|---|---|
| 地源热泵供冷 | 开 | 关 | 关 | 开 | 关 | 开 |
| 地源热泵供热 | 关 | 开 | 开 | 关 | 关 | 开 |
| 风冷热泵供冷/供热 | 关 | 关 | 关 | 关 | 开 | 关 |

主要设备表

| | | | |
|---|---|---|---|
| 1 | 水源热泵机组 | 6 | 分水器 |
| 2 | 用户侧循环泵 | 7 | 集水器 |
| 3 | 地源侧循环泵 | 8 | 地埋管换热器 |
| 4 | 自动加药装置 | 9 | 风冷热泵测循环水泵 |
| 5 | 定压补水装置 | 10 | 风冷热泵机组 |

注：1. 当建筑全年空调供冷量与空调供热量不匹配时，可采用风冷热泵作为辅助热源或辅助冷源，以处理地源热泵系统全年吸热量和放热量的差值部分。

2. 当以风冷热泵作为辅助热源或辅助冷源时，因其制热或制冷效率受室外气象条件的影响，在平衡地源热泵系统全年吸热量和放热量的前提下，宜优先安排在非严寒、非酷暑时节，或者作为夏季夜间冷源使用。

3. 当风冷热泵机组与水源热泵机组的空调循环水量差异不大，且其与水源热泵机组的空调循环水泵的安装位置距离不太远时，可将风冷热泵机组与水源热泵机组的空调循环水泵合用；当二者的空调循环水泵受条件限制必须分别设置时，图中工况切换阀V6的作用是当单独运行风冷热泵机组时，避免空调循环水在不必要的管路上造成热损失。

## 带辅助冷热源的地埋管地源热泵系统原理图

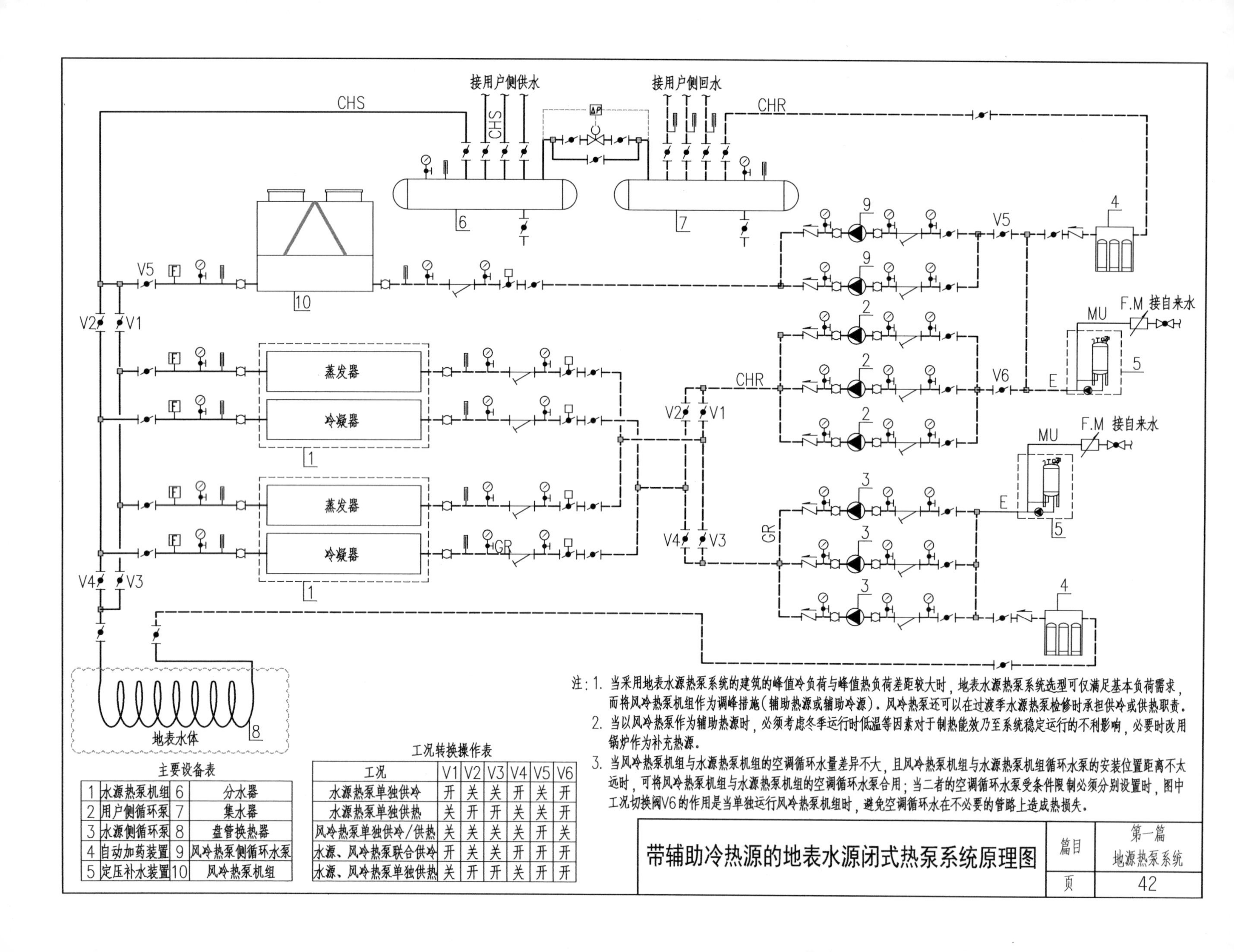


主要设备表

| | | | |
|---|---|---|---|
| 1 | 水源热泵机组 | 6 | 分水器 |
| 2 | 用户侧循环泵 | 7 | 集水器 |
| 3 | 水源侧循环泵 | 8 | 盘管换热器 |
| 4 | 自动加药装置 | 9 | 风冷热泵侧循环水泵 |
| 5 | 定压补水装置 | 10 | 风冷热泵机组 |

工况转换操作表

| 工况 | V1 | V2 | V3 | V4 | V5 | V6 |
|---|---|---|---|---|---|---|
| 水源热泵单独供冷 | 开 | 关 | 关 | 开 | 关 | 开 |
| 水源热泵单独供热 | 关 | 开 | 开 | 关 | 关 | 开 |
| 风冷热泵单独供冷/供热 | 关 | 关 | 关 | 关 | 开 | 关 |
| 水源、风冷热泵联合供冷 | 开 | 关 | 关 | 开 | 开 | 开 |
| 水源、风冷热泵单独供热 | 关 | 开 | 开 | 关 | 开 | 开 |

注：1. 当采用地表水源热泵系统的建筑的峰值冷负荷与峰值热负荷差距较大时，地表水源热泵系统选型可仅满足基本负荷需求，而将风冷热泵机组作为调峰措施(辅助热源或辅助冷源)。风冷热泵还可以在过渡季水源热泵检修时承担供冷或供热职责。

2. 当以风冷热泵作为辅助热源时，必须考虑冬季运行时低温等因素对于制热能效乃至系统稳定运行的不利影响，必要时改用锅炉作为补充热源。

3. 当风冷热泵机组与水源热泵机组的空调循环水量差异不大，且风冷热泵机组与水源热泵机组循环水泵的安装位置距离不太远时，可将风冷热泵机组与水源热泵机组的空调循环水泵合用；当二者的空调循环水泵受条件限制必须分别设置时，图中工况切换阀V6的作用是当单独运行风冷热泵机组时，避免空调循环水在不必要的管路上造成热损失。

# 带辅助冷热源的地表水源闭式热泵系统原理图

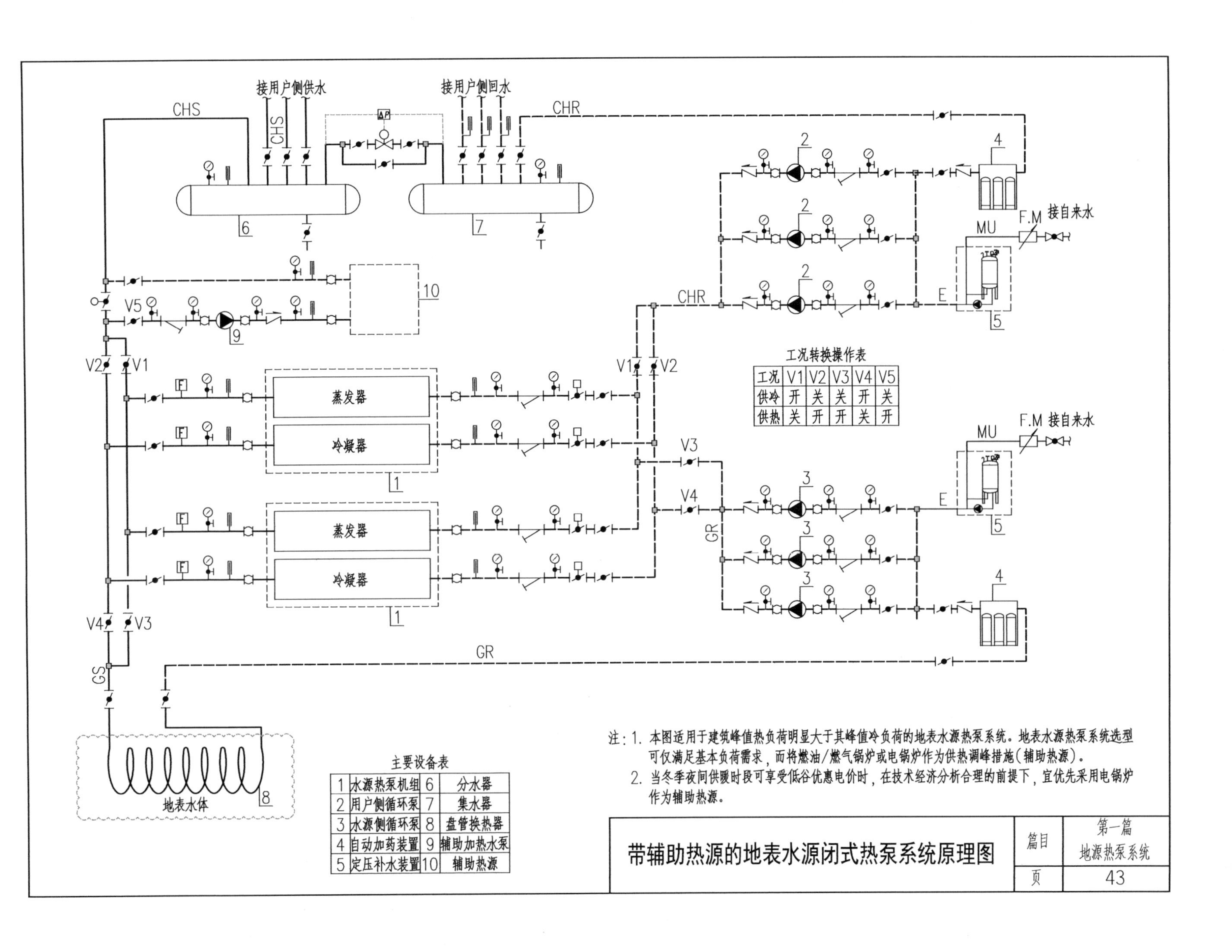


工况转换操作表

| 工况 | V1 | V2 | V3 | V4 | V5 |
|---|---|---|---|---|---|
| 供冷 | 开 | 关 | 关 | 开 | 关 |
| 供热 | 关 | 开 | 开 | 关 | 开 |

主要设备表

| | | | |
|---|---|---|---|
| 1 | 水源热泵机组 | 6 | 分水器 |
| 2 | 用户侧循环泵 | 7 | 集水器 |
| 3 | 水源侧循环泵 | 8 | 盘管换热器 |
| 4 | 自动加药装置 | 9 | 辅助加热水泵 |
| 5 | 定压补水装置 | 10 | 辅助热源 |

注：1. 本图适用于建筑峰值热负荷明显大于其峰值冷负荷的地表水源热泵系统。地表水源热泵系统选型可仅满足基本负荷需求，而将燃油/燃气锅炉或电锅炉作为供热调峰措施（辅助热源）。
2. 当冬季夜间供暖时段可享受低谷优惠电价时，在技术经济分析合理的前提下，宜优先采用电锅炉作为辅助热源。

# 带辅助热源的地表水源闭式热泵系统原理图

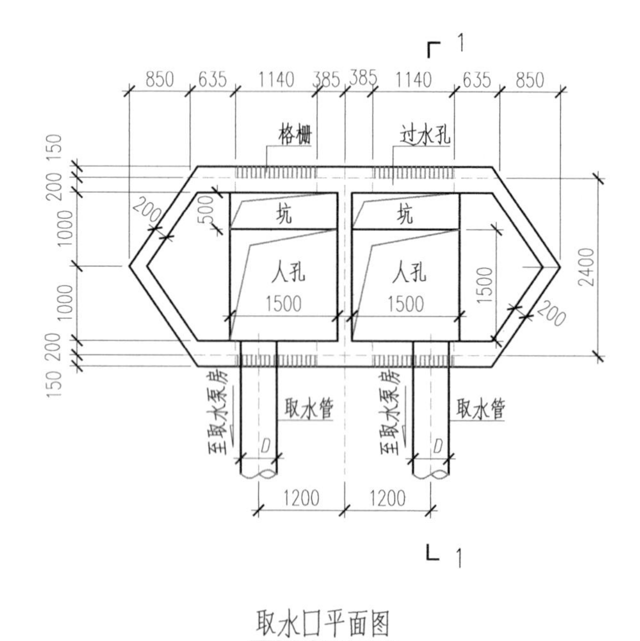


取水口平面图

1—1剖面图

注：$H_1$ —最大冰层厚度（根据气象条件确定）。

$H_2$ —格栅高度（根据水流速度确定，流速可取0.2~0.6m/s）。

| 地表水取水口大样图 | 篇目 | 第一篇 地源热泵系统 |
| --- | --- | --- |
| | 页 | 44 |

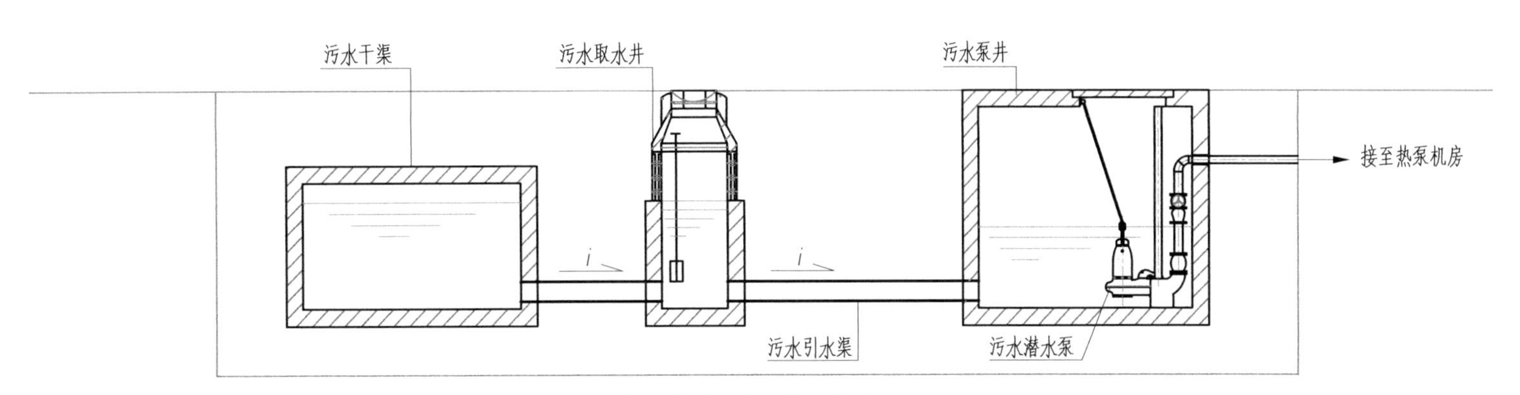


原生污水源热泵系统污水取水原理图

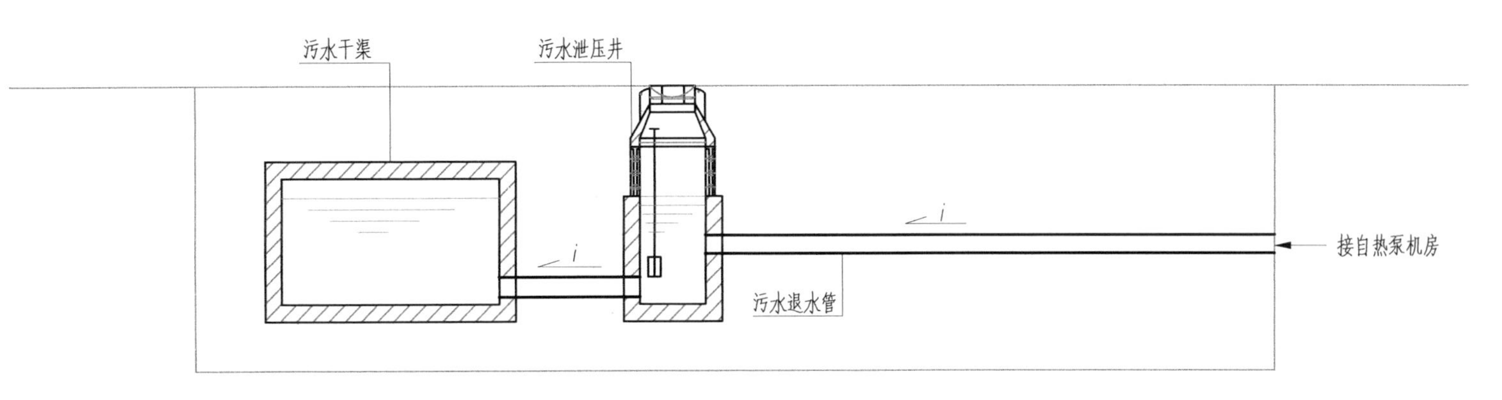


原生污水源热泵系统污水回水原理图

注：1. 原生污水指的是未经污水处理厂处理的污水，对于小城镇主要是生活污水和合流制排水系统中截留的雨水。
2. 污水引水管道建议采用混凝土管道，混凝土管道与各种污水构筑物连接应采用沉降止水缝做法。
3. 污水引、退水管道坡度 $i$ 应根据污水在管道内的流动状态（重力流、压力流），查阅《建筑给水、排水设计手册》中有关计算数据确定。
4. 污水泵应采用大通道污水泵，安装示意图参考本图集第47页。
5. 污水取水井、污水泄压井内设置闸阀。

| 原生污水源热泵系统污水取、回水原理图 | 篇目 | 第一篇 地源热泵系统 |
|---|---|---|
| | 页 | 45 |

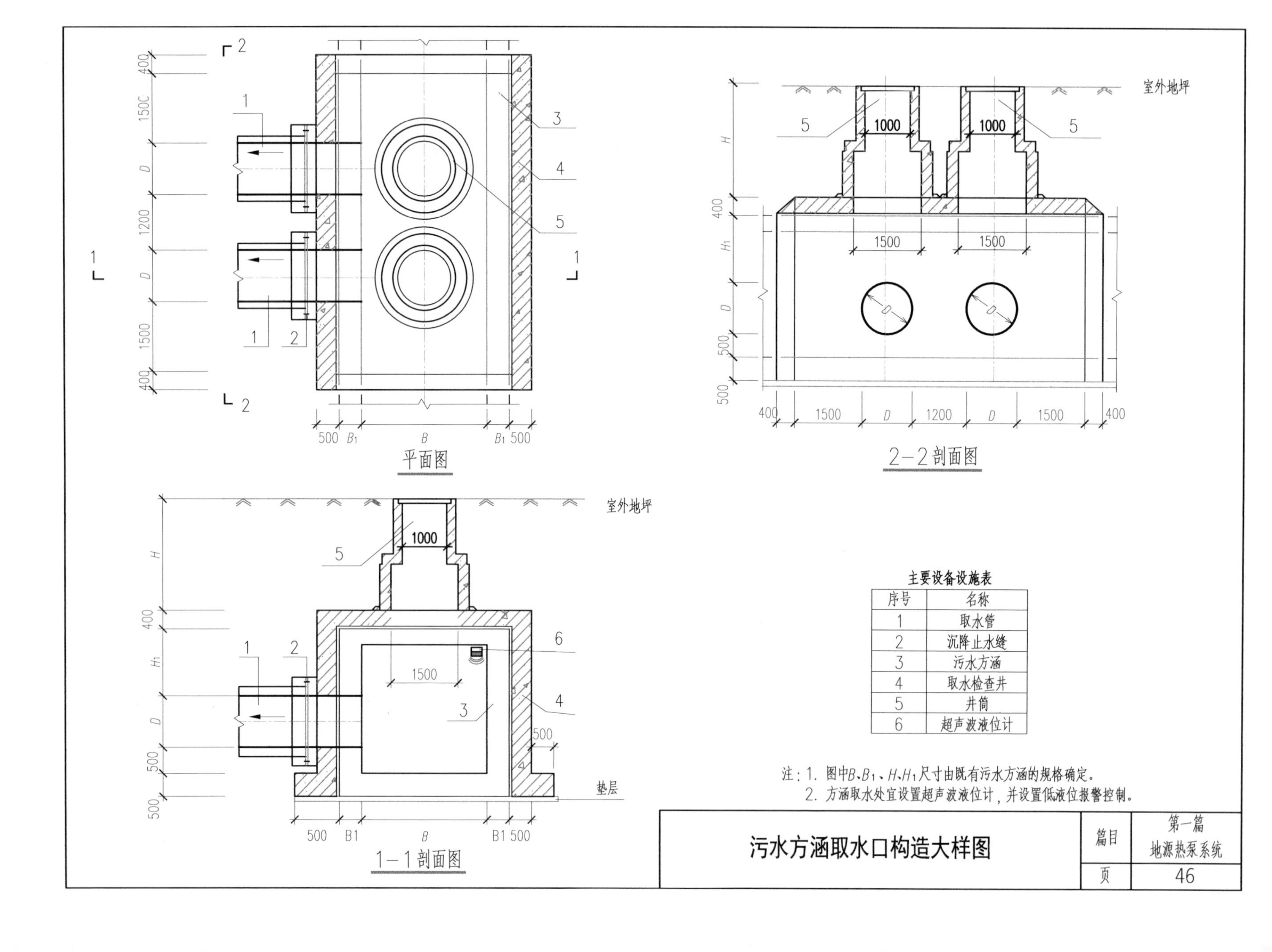


**主要设备设施表**

| 序号 | 名称 |
|---|---|
| 1 | 取水管 |
| 2 | 沉降止水缝 |
| 3 | 污水方涵 |
| 4 | 取水检查井 |
| 5 | 井筒 |
| 6 | 超声波液位计 |

注：1. 图中$B$、$B_1$、$H$、$H_1$尺寸由既有污水方涵的规格确定。
2. 方涵取水处宜设置超声波液位计，并设置低液位报警控制。

# 污水方涵取水口构造大样图

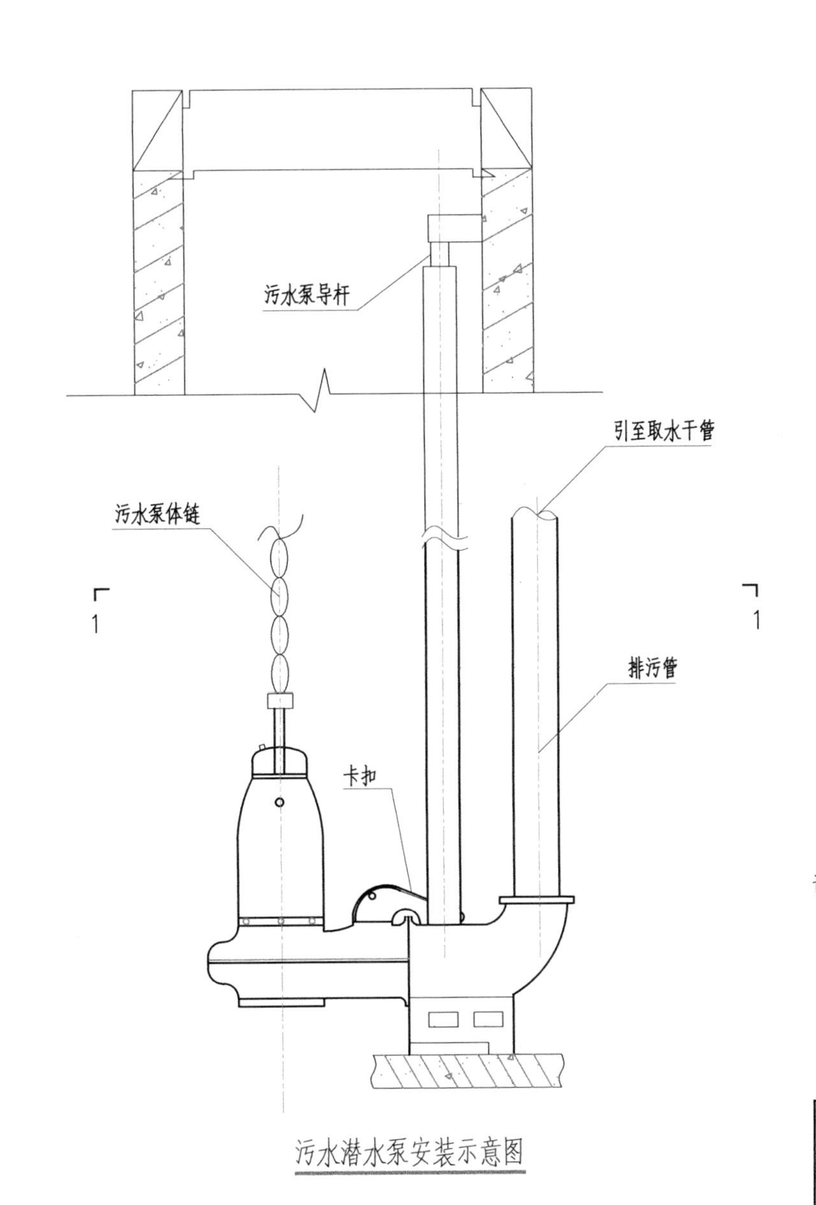


污水潜水泵安装示意图

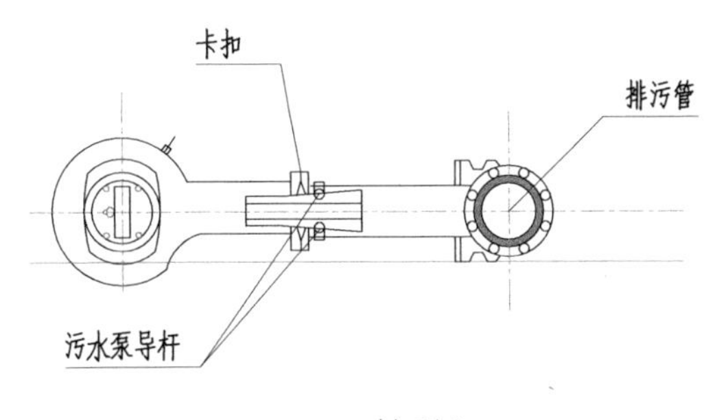


1—1剖面图

说明：1. 须待设备到货、校核尺寸无误后，方可施工。
2. 采用潜水泵时，需要对水泵的维修做全面的考虑。条件允许的情况下，缓冲池平均液面宜设计高于换热机房污水管路的最高点，而操作平台高于水管渠的最高水位。
3. 潜水泵的吸入口必须高出缓冲池地面300 ~ 500mm，保证吸水充分且不吸入池底沉淀物。
4. 壁上的卡扣连接管必须做好防水，并具有足够的强度，能够承受潜水泵重量10倍以上的作用力。
5. 缓冲池操作平台对应位置设置潜水泵操作口。水泵导杆的固定点不宜过少，必须保持导杆具有足够的强度，不产生过大的挠曲变形。

| 污水潜水泵安装示意图 | 篇目 | 第一篇 地源热泵系统 |
|---|---|---|
| | 页 | 47 |

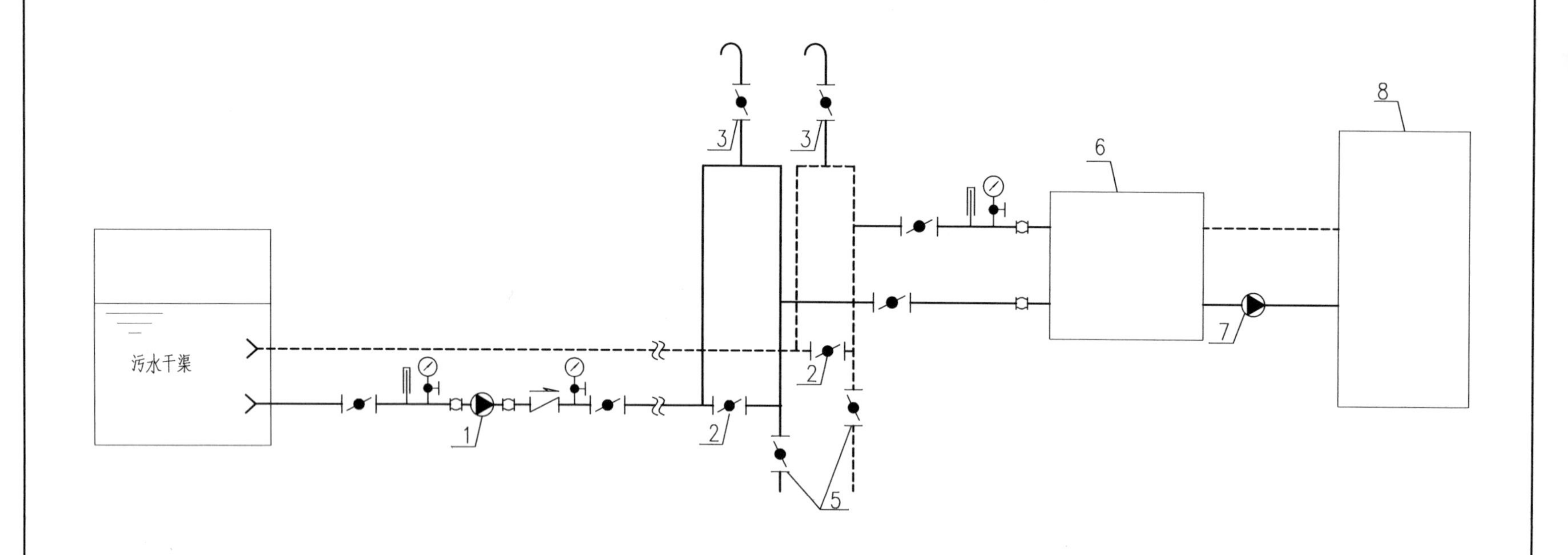


主要设备表

| 1 | 一级污水泵 | 4 | 最高点存水弯 | 7 | 二级污水泵 |
|---|---|---|---|---|---|
| 2 | 存水弯旁通阀 | 5 | 泄水阀 | 8 | 污水换热器 |
| 3 | 排气阀 | 6 | 防阻机 | | |

注：1.存水弯的设置是为了避免每次泵启动后管道和换热器的频繁人工换气。

2.存水弯是室内管网最高点，其上安装排气阀，能够保证停泵期间室内污水管道和换热器内始终充满水，减小对管道和换热器的腐蚀。

3.泄水管用于过渡季节系统长时间停止运行或者检修时泄空污水。

4.存水弯的最高点应比污水干渠的最高液面高出200～500mm。

| 污水源热泵系统室内管路存水措施 | 篇目 | 第一篇 地源热泵系统 |
|---|---|---|
| | 页 | 48 |

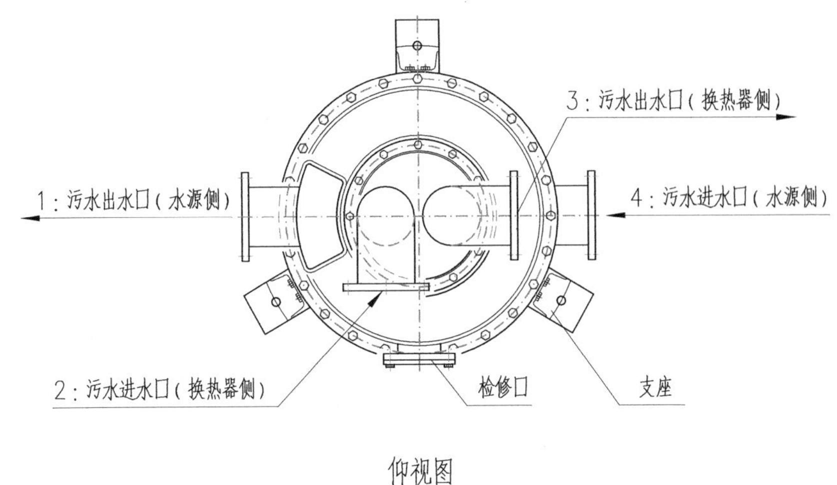


仰视图

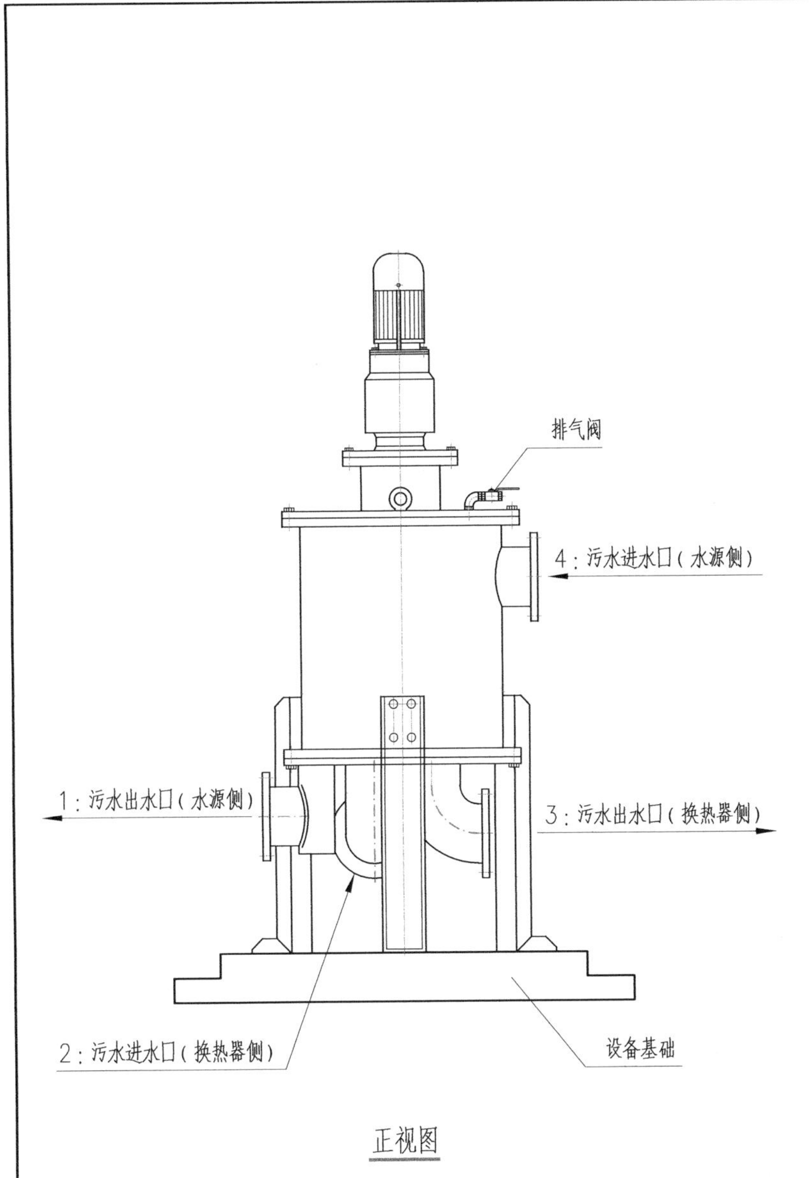


正视图

注：1. 圆筒式防阻机可作为管道式设备安装于机房内，所有的连接法兰和螺栓均采用国家通用标准。
2. 当圆筒式防阻机的高度过高时，可将立式电机改成卧式电机。
3. 圆筒式防阻机的四根连接管不可接错，其与换热器的连接方式参考本图集第50页。
4. 圆筒式防阻机上的排气阀应用排气管道连接至机房内的排水沟，以免排气时污染机房空气。
5. 防阻机的4根接管上均应设置压力表，当压差出现异常或二级污水泵发生异常时，可打开侧壁上的检修口进行清理维护。
6. 圆筒式防阻机的阻力一般为1.5 $mH_2O$。
7. 防阻机从底部向上仰视，轴线上有4个接口，将底部靠外（底板外缘）的接口编号为1，顺轴线方向从左向右依次编号为1、2、3、4（接口4即为侧壁上的接口）。污水在防阻机中流进、流出的顺序是：4→3→2→1。
8. 接口4和3分别进、出尚未换热的污水，即接口4连接一级污水泵的出水口，接口3连接二级污水泵的进水口，并最终与换热器的污水进口相连；接口2和1分别进、出完成换热后的污水，即接口2连接换热器的出水口，接口1连接退水管并最终将污水排至退水池。

| 圆筒式污水防阻机结构示意图 | 篇目 | 第一篇 地源热泵系统 |
|---|---|---|
| | 页 | 49 |

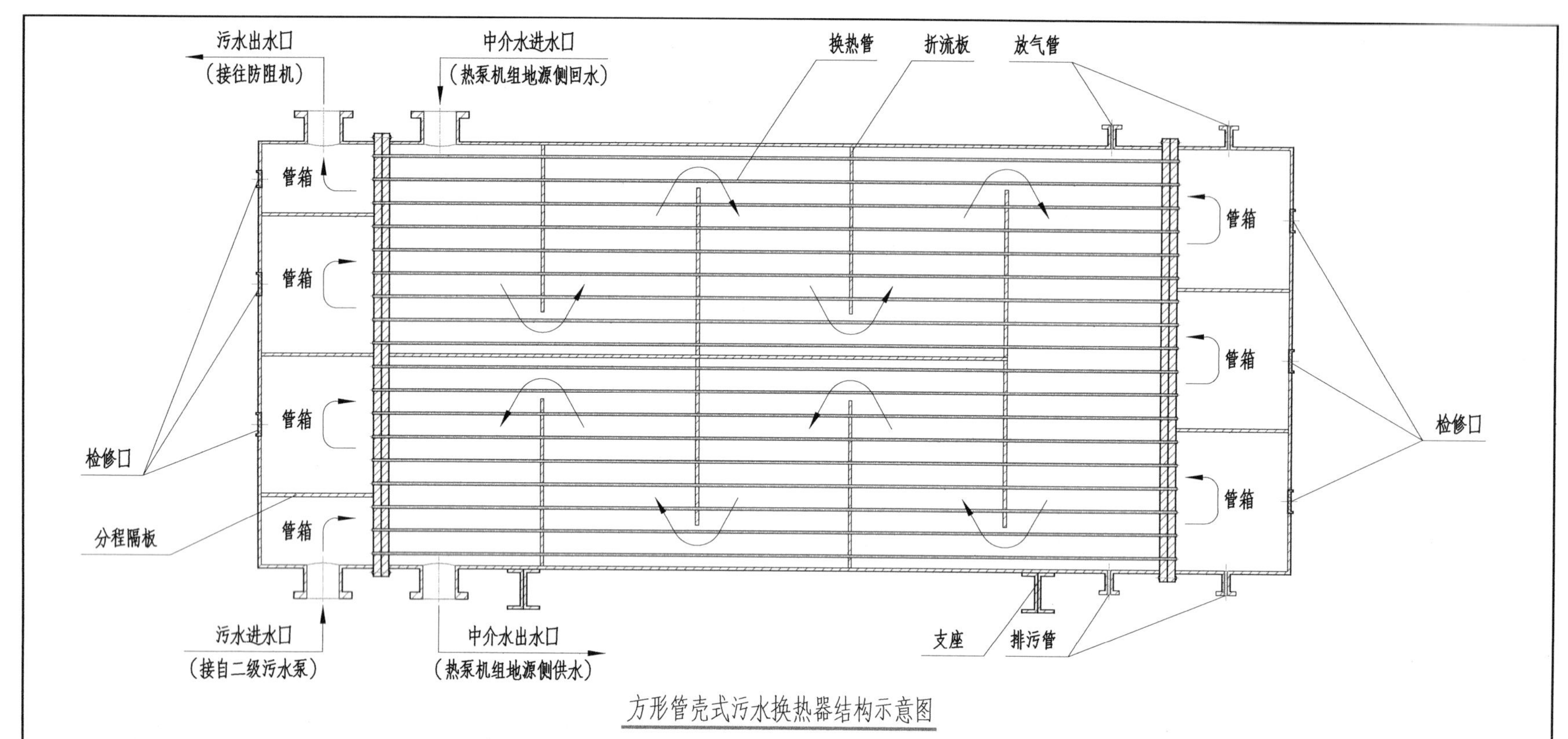


方形管壳式污水换热器结构示意图

注：1. 常见的管壳式污水换热器按其主体横截面外形，可分为圆形和方形，壳体和换热管束的材质分别为普通碳钢和无缝钢管，承压能力分别为1.6 MPa和0.6 MPa。

2. 方形横截面的边角处存在薄弱点，故承压能力相对较低。当将其应用于水侧切换的供暖与空调系统（其热泵主机不设四通换向阀，蒸发器和冷凝器的位置和功能始终不变；依靠水侧阀组来切换进入其内的末端水或中介水以实现供冷、供热工况转换）时，必须做好中介水与末端水的隔断和泄压设计，以免因末端水与中介水连通而导致方形管壳式污水换热器的二次侧发生超压破坏。

3. 方形管壳式污水换热器虽然承压力低于圆形壳管式污水换热器，但其对于机房空间的利用率较高，设备高度较低，现场布置灵活，因此当承压能力满足实际要求时宜优先选用。

4. 换热器的钢筋混凝土基础的承重能力，必须根据换热器的运行重量进行设计，即必须将换热器正常运行时其内部的水的重量考虑在内。

5. 方形管壳式污水换热器的管道连接方式、检修空间、清堵措施、减缓腐蚀等设计要求均与圆形管壳式污水换热器相同：

1）为便于清洗换热器并保证作业安全，换热器端盖应设置吊杆，且换热器的两个端面均应留有不小于3.5m的清洗操作距离。

2）换热器端盖上设有便于开启的检修口，用于运行期内换热器的清堵，检修口的数量与其内部的换热管程数有关，本图仅为示意，具体以实际产品为准。

3）在流体流动的主方向上，污水的进口必须对应中介水的出口，以使得实际换热形式尽可能接近于逆流换热。

4）污水易结垢，且可能有腐蚀性，应走换热器的管程，以便清洗和检修，而中介水则走壳程。

5）污水宜从换热器的下部进入、上部排出，以保证排气和冲淤的效果。

6）为减缓腐蚀，换热器在运行间歇期时应充满水；仅当设备长期停用或大修时，才将其内部的水排空。

6. 应在换热器的放气阀和排污泄水阀的阀后延伸一段管道并就近引至机房排水沟，以免排气放水时污染机房空气。

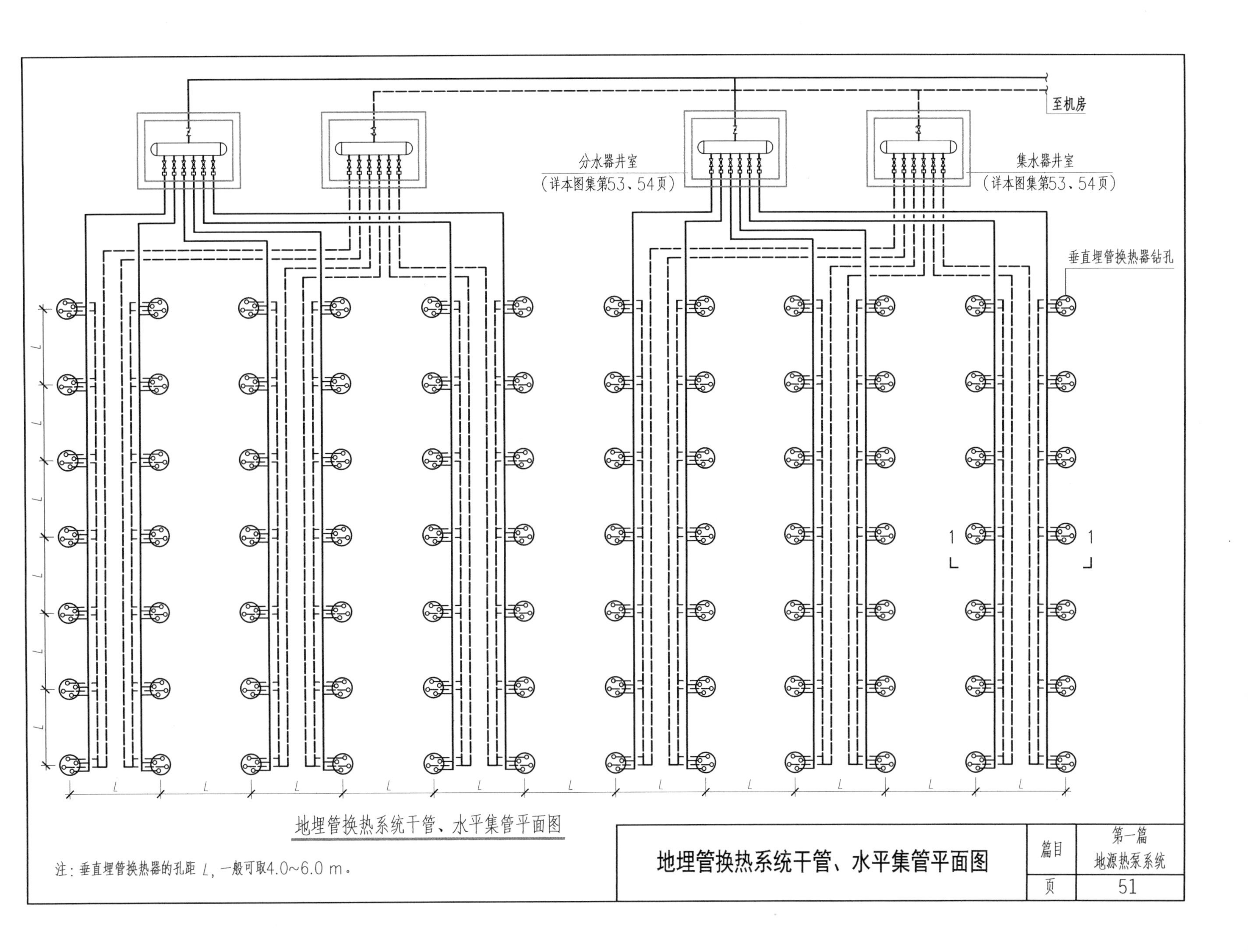
至机房
分水器井室
（详本图集第53、54页）
集水器井室
（详本图集第53、54页）
垂直埋管换热器钻孔
L
1
1
地埋管换热系统干管、水平集管平面图
注：垂直埋管换热器的孔距 L，一般可取4.0~6.0 m。
地埋管换热系统干管、水平集管平面图
篇目
第一篇
地源热泵系统
页
51

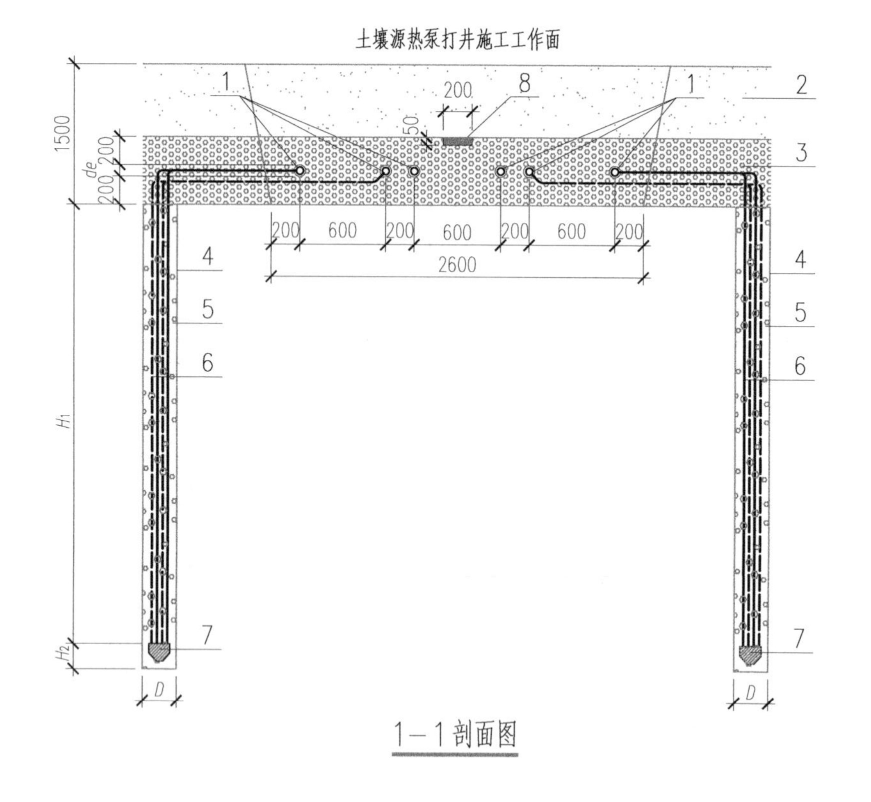

1—1剖面图

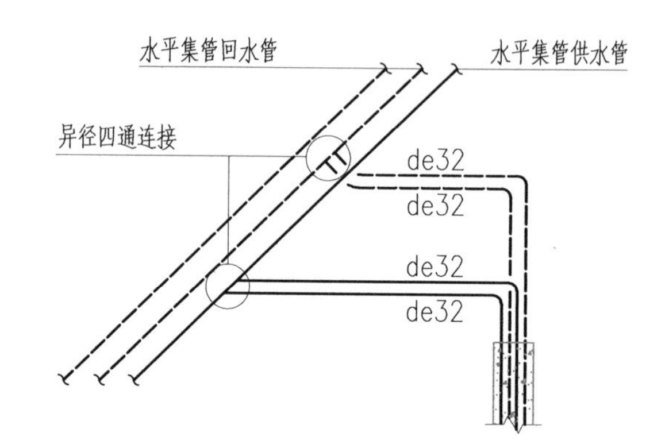

水平集管与垂直埋管节点详图

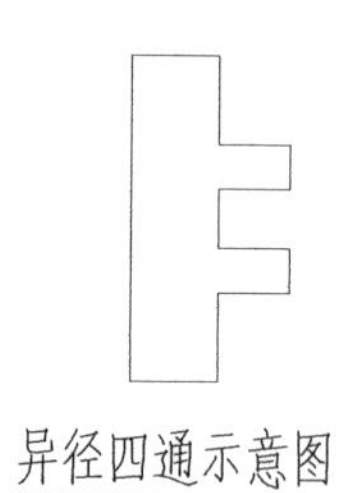
异径四通示意图

**主要设备设施表**

| 序号 | 名　称 |
|---|---|
| 1 | 水平集管（外径为de） |
| 2 | 填砂（砂的粒度<2.0 mm） |
| 3 | 管沟回填土 |
| 4 | 垂直埋管换热器井孔 |
| 5 | 井孔回填材料 |
| 6 | 双U埋管换热器 |
| 7 | 双U接头 |
| 8 | 标识带（砖砌） |

注：1. 双U接头及异径四通的规格详见《地源热泵系统用聚乙烯管材及管件》GJ/T 317-2009。
2. 井孔回填材料应根据钻孔区域地质条件确定。
3. 垂直埋管换热器的有效长度 $H_1$，由设计人员确定。
4. U形接头的长度 $H_2$，应考虑0.3～0.5 m的裕量。
5. 垂直埋管换热器的井孔孔径 $D$，应根据工艺确定，一般为150 mm或200 mm。
6. 管沟的具体做法详见本图集第55页。

| 地埋管换热系统剖面图、节点详图 | 篇目 | 第一篇 地源热泵系统 |
|---|---|---|
| | 页 | 52 |

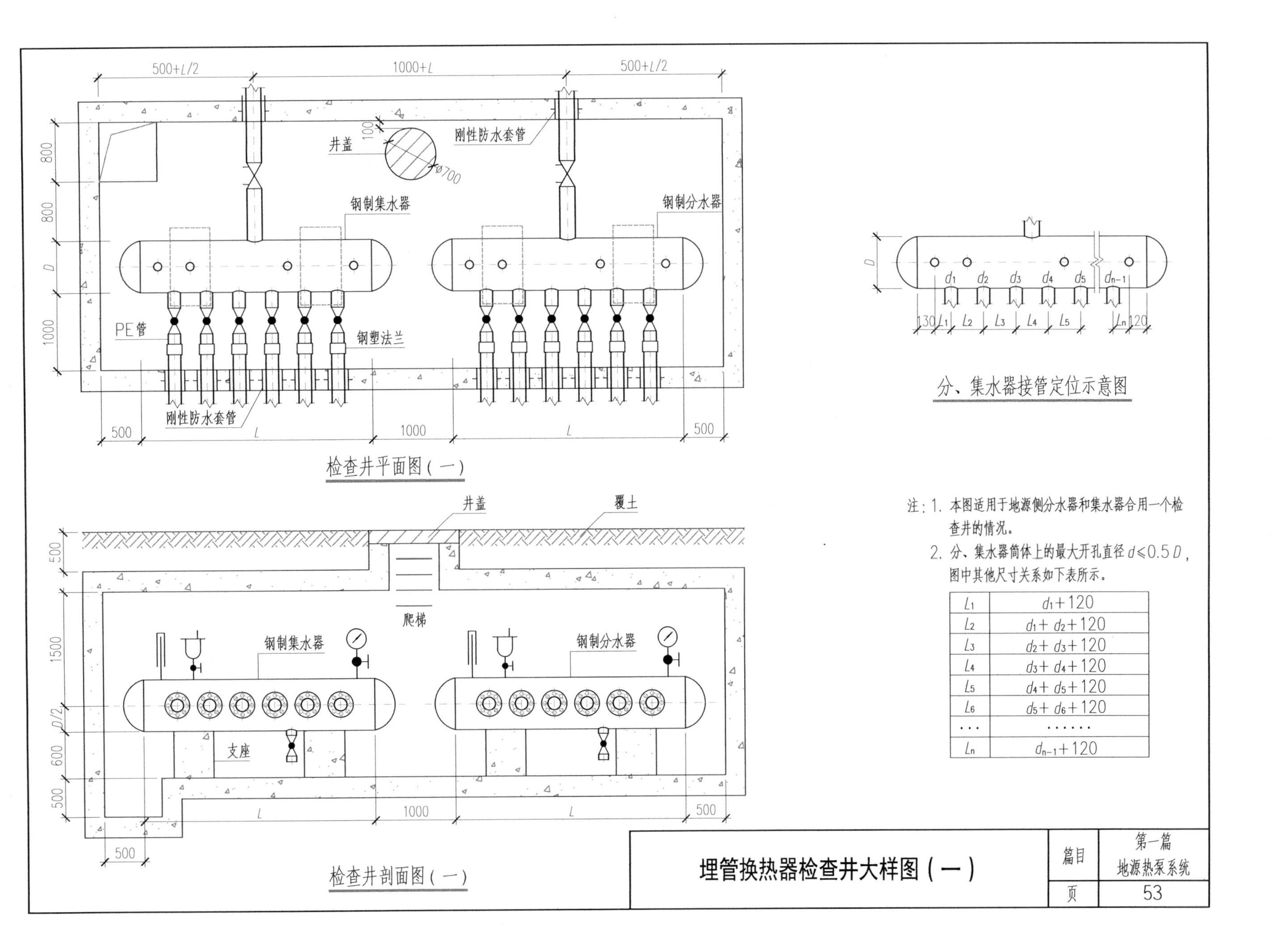


注：1. 本图适用于地源侧分水器和集水器合用一个检查井的情况。

2. 分、集水器筒体上的最大开孔直径 $d \leqslant 0.5D$，图中其他尺寸关系如下表所示。

| | |
|---|---|
| $L_1$ | $d_1+120$ |
| $L_2$ | $d_1+d_2+120$ |
| $L_3$ | $d_2+d_3+120$ |
| $L_4$ | $d_3+d_4+120$ |
| $L_5$ | $d_4+d_5+120$ |
| $L_6$ | $d_5+d_6+120$ |
| ··· | ······ |
| $L_n$ | $d_{n-1}+120$ |

# 埋管换热器检查井大样图（一）

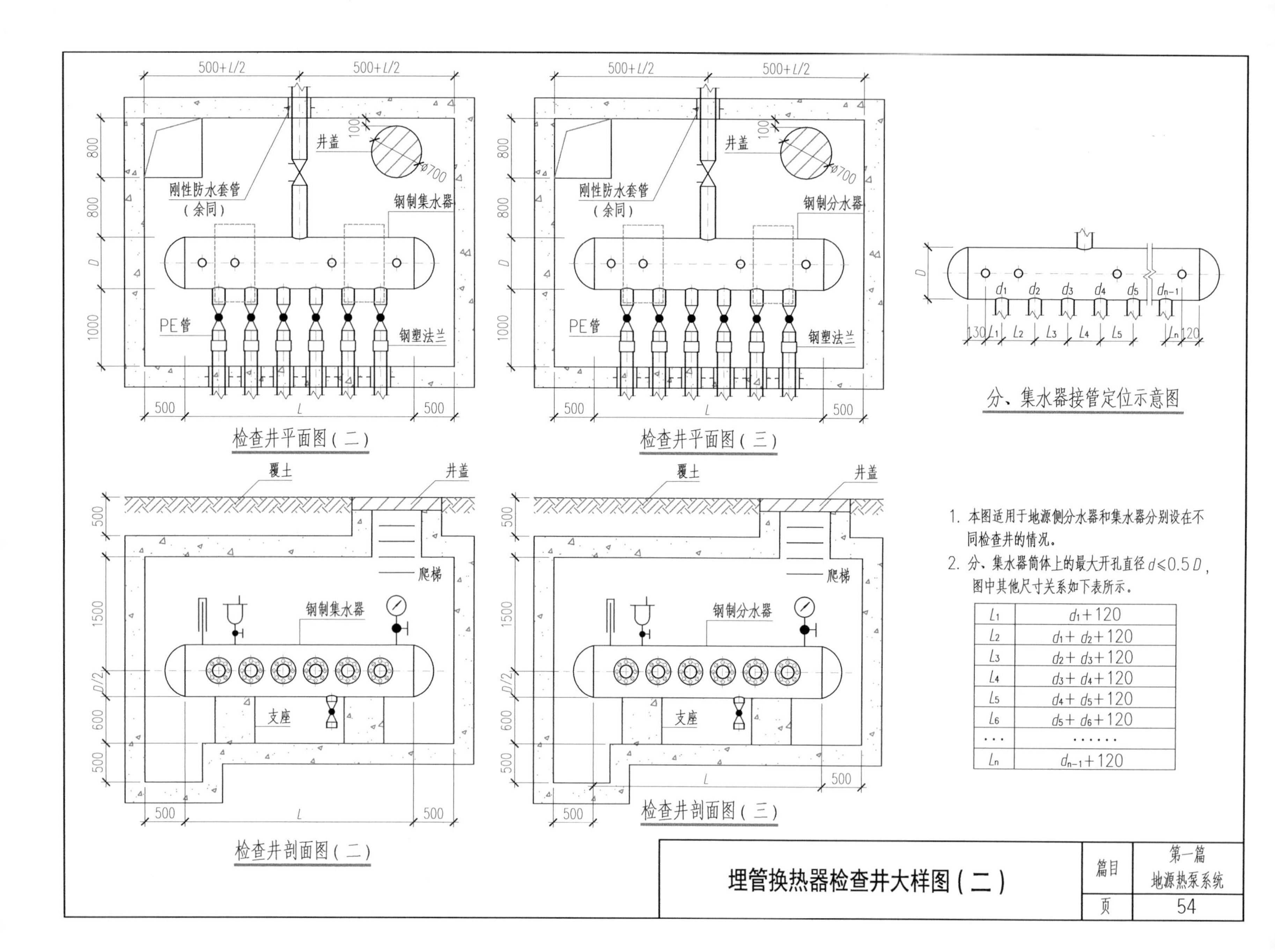


1. 本图适用于地源侧分水器和集水器分别设在不同检查井的情况。
2. 分、集水器筒体上的最大开孔直径 $d \leqslant 0.5D$，图中其他尺寸关系如下表所示。

| $L_1$ | $d_1+120$ |
|---|---|
| $L_2$ | $d_1+d_2+120$ |
| $L_3$ | $d_2+d_3+120$ |
| $L_4$ | $d_3+d_4+120$ |
| $L_5$ | $d_4+d_5+120$ |
| $L_6$ | $d_5+d_6+120$ |
| ··· | ······ |
| $L_n$ | $d_{n-1}+120$ |

# 埋管换热器检查井大样图(二)

| 篇目 | 第一篇 地源热泵系统 |
|---|---|
| 页 | 54 |

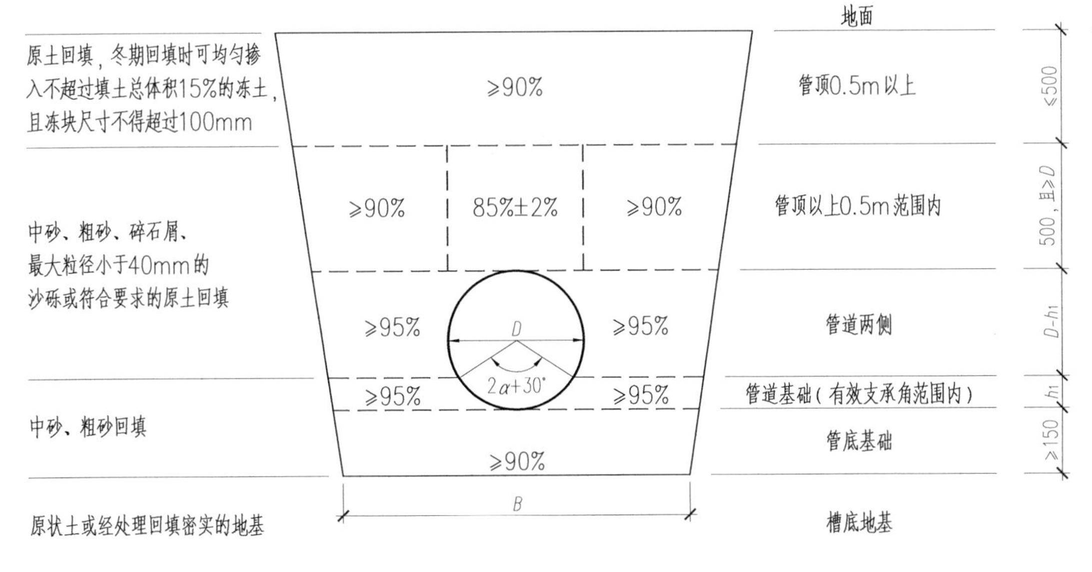


可人工回填或机械回填，应从管道轴线两侧同时均匀进行，应分层回填并夯实、碾压，每层回填高度应不大于200mm。

应采用人工回填、轻型压实设备夯实，不得采用机械推土回填，且应从管道两侧同时对称均衡分层进行，每层回填土的厚度不应超过200mm，不得直接将回填材料直接回填在管道上，不得回填淤泥、有机物或冻土，且回填土中不得含有石块、砖或其他杂硬物体，必要时应对管道采取临时限位措施，以防管道产生位移或上浮。

必须人工回填，且必须用中、粗砂填充插捣密实，与管外壁紧密接触，不得使用土或其他材料填充。

地基基础宜为天然地基，当不良地质条件导致天然地基的承载力不足，或施工降水、超挖等地基原状土扰动因素造成地基承载力不足时，应按设计要求对地基进行加固处理。

土层的材质　　回填材料的压实系数　　土层的位置高度及厚度　　操作要求

地埋管的管沟做法示意图

注：1. 本图根据《埋地塑料给水管道工程技术规程》CJJ 101—2016的有关要求编制。
2. 图中的"$2\alpha$"为管道基础支承角的设计计算值，在此之上再加30°即为其有效值。
3. 管道基础回填深度$h_1$应根据管道外径及管道基础的有效支承角，经计算确定。
4. 沟槽底部的开挖宽度$B$应根据管道所采用的连接方式（沟底连接或沟边连接）以及管外径$D$等因素，经计算确定。
5. 管道敷设完毕并经外观检验合格后应及时进行沟槽回填。在水压试验前，除连接部位可外露外，管道两侧和管顶以上的回填高度不宜小于0.5 m；水压试验合格后应及时回填其余部分。

| 地埋管的管沟做法 | 篇目 | 第一篇 地源热泵系统 |
| --- | --- | --- |
| | 页 | 55 |

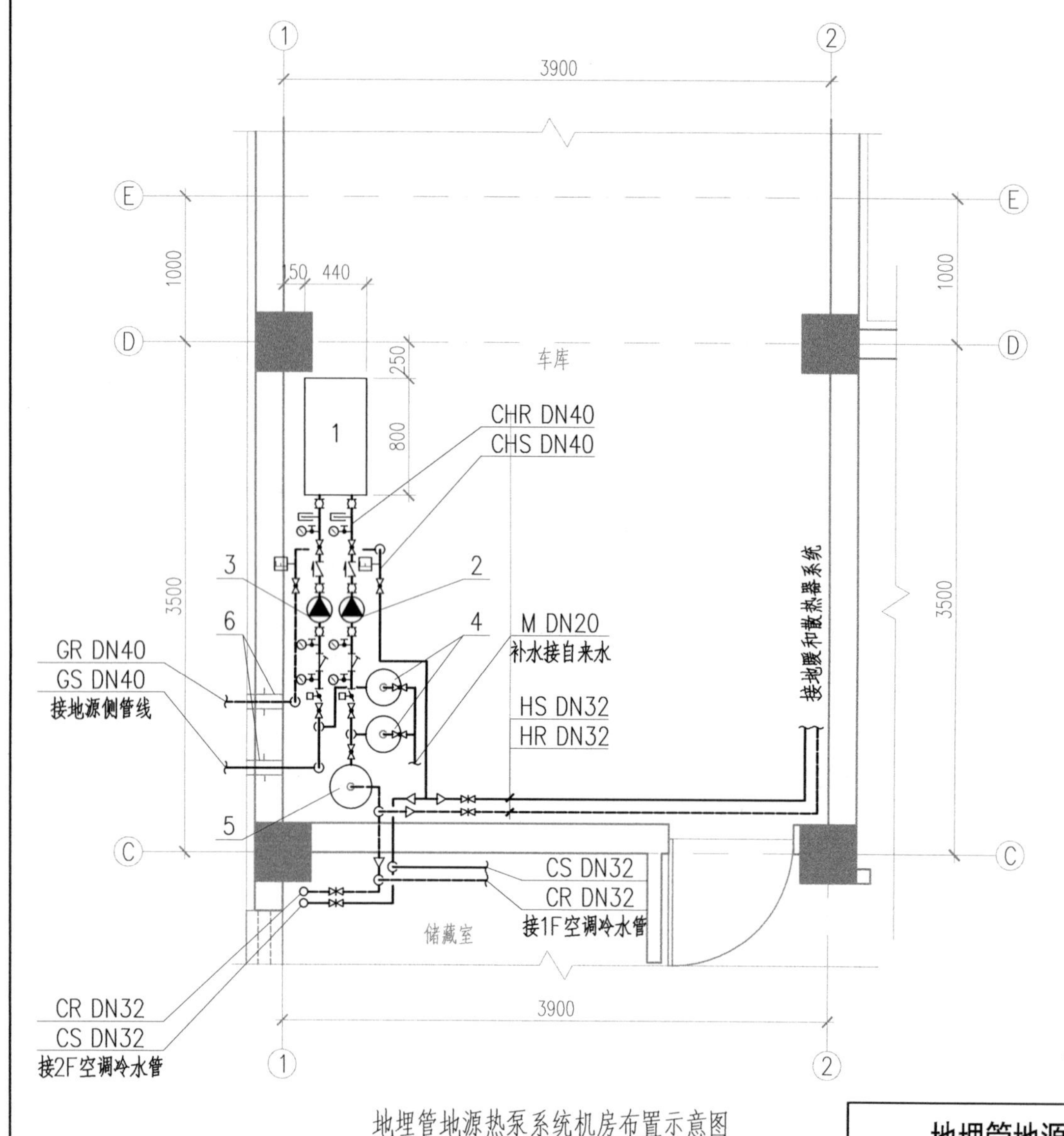

地埋管地源热泵系统机房布置示意图

# 工程简介

1 工程概况

此别墅建筑位于北京市郊区，地上2层，建筑高度为7.50 m，总建筑面积为289.50 m²。

2 空调系统简介

2.1 空调负荷

根据空调负荷动态模拟软件计算结果可知，本工程的设计冷、热负荷分别为15.90 kW和14.71 kW，单位建筑面积冷、热负荷指标分别为54.9 W/m²和50.8 W/m²。

2.2 空调系统形式

本工程采用地埋管地源热泵作为空调系统的冷热源，热泵机组及水泵布置在车库内，室内冬季由地暖和散热器系统供暖（本图集从略），夏季由风机盘管系统供冷。室外地埋管系统采用单孔双U形式，共分3组，埋深为90 m，换热井的间距为5 m。

2.3 空调系统主要设备参数

| 序号 | 名 称 | 主 要 规 格 参 数 | 单位 | 数量 |
|---|---|---|---|---|
| 1 | 地源热泵机组 | 额定冷、热量分别为18.8kW和22.0kW，对应输入功率分别为3.1kW和4.4kW | 台 | 1 |
| 2 | 空调循环泵 | 流量3.3m³/h，扬程16.5m，功率1.1kW | 台 | 1 |
| 3 | 地源循环泵 | 流量1.8m³/h，扬程18.0m，功率0.75kW | 台 | 1 |
| 4 | 定压补水罐 | ø250 | 个 | 1 |
| 5 | 保温储水罐 | ø300 | 个 | 1 |
| 6 | 防水套管 | DN65 | 个 | 2 |

3 施工简要说明

3.1 空调冷水管的坡度 $i \geq 0.003$，且应坡向立管方向。

3.2 空调冷凝水管的坡度 $i \geq 0.01$，且应坡向泄水点。

3.3 应在系统的最高点设置自动放气阀，在系统的低点设置泄水管和泄水阀。

3.4 风机盘管的空调冷水和冷凝水的接管管径均为DN20。

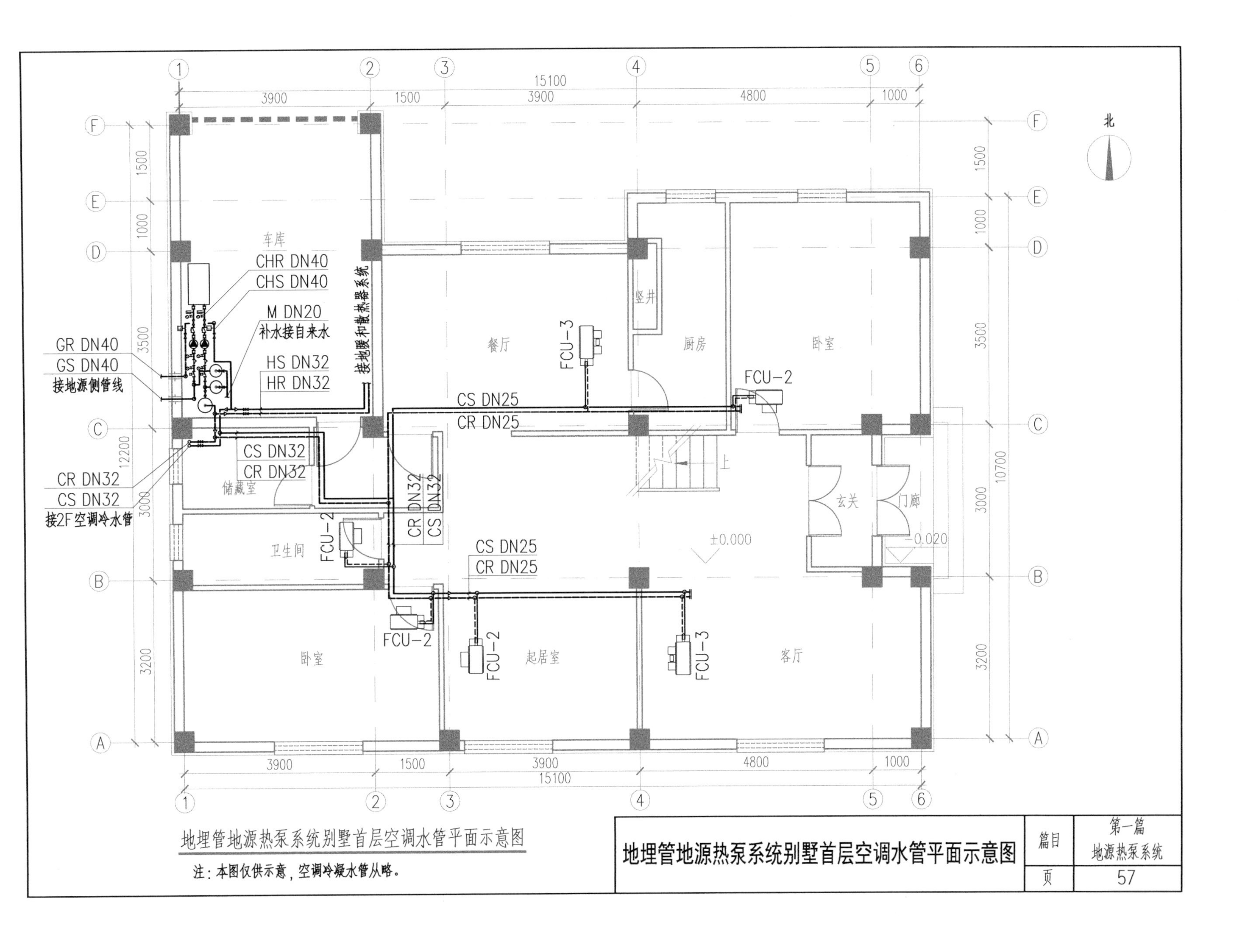


地埋管地源热泵系统别墅首层空调水管平面示意图

注：本图仅供示意，空调冷凝水管从略。

| 地埋管地源热泵系统别墅首层空调水管平面示意图 | 篇目 | 第一篇 地源热泵系统 |
| --- | --- | --- |
| | 页 | 57 |

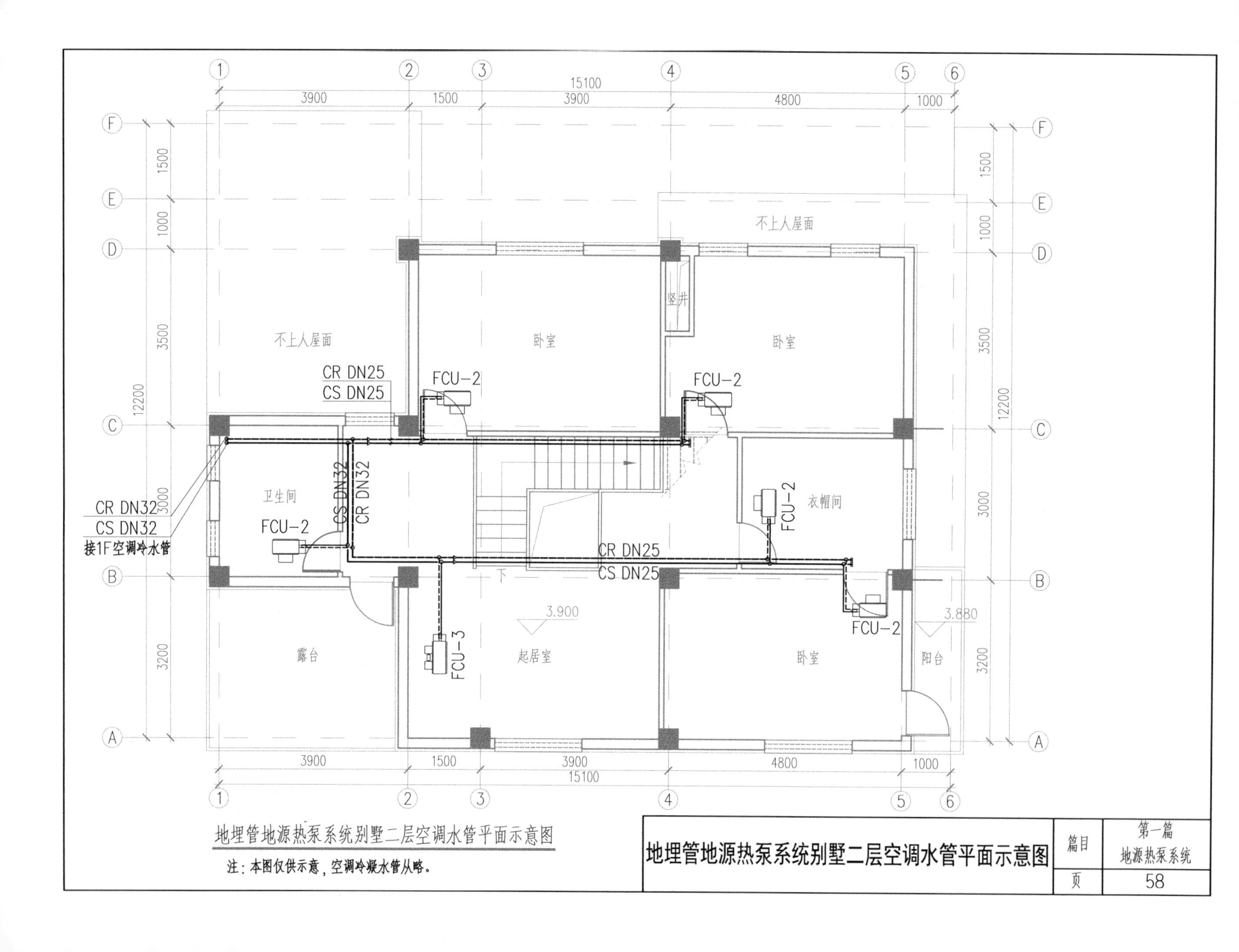


地埋管地源热泵系统别墅二层空调水管平面示意图

注：本图仅供示意，空调冷凝水管从略。

| 地埋管地源热泵系统别墅二层空调水管平面示意图 | 篇目 | 第一篇 地源热泵系统 |
| --- | --- | --- |
| | 页 | 58 |

## 几种典型土壤、岩石及回填料的热物性

| 种类 | | 导热系数 $\lambda s$ [W/(m·K)] | 扩散率 $\alpha$ ($10^{-6}m^2/s$) | 密度 $\rho$ ($kg/m^3$) |
|---|---|---|---|---|
| 土壤 | 致密黏土（含水量15%） | 1.4~1.9 | 0.49~0.71 | 1 925 |
| | 致密黏土（含水量5%） | 1.0~1.4 | 0.54~0.71 | 1 925 |
| | 轻质黏土（含水量15%） | 0.7~1.0 | 0.54~0.64 | 1 285 |
| | 轻质黏土（含水量5%） | 0.5~0.9 | 0.65 | 1 285 |
| | 致密砂土（含水量15%） | 2.8~3.8 | 0.97~1.27 | 1 925 |
| | 致密砂土（含水量5%） | 2.1~2.3 | 1.10~1.62 | 1 925 |
| | 轻质砂土（含水量15%） | 1.0~2.1 | 0.54~1.08 | 1 285 |
| | 轻质砂土（含水量5%） | 0.9~1.9 | 0.64~1.39 | 1 285 |
| 岩石 | 花岗岩 | 2.3~3.7 | 0.97~1.51 | 2 650 |
| | 石灰石 | 2.4~3.8 | 0.97~1.51 | 2 400~2 800 |
| | 砂岩 | 2.1~3.5 | 0.75~1.27 | 2 570~2 730 |
| | 湿页岩 | 1.4~2.4 | 0.75~0.97 | — |
| 岩石 | 干页岩 | 1.0~2.1 | 0.64~0.86 | — |
| 回填料 | 膨润土（含有20%~30%的固体） | 0.73~0.75 | — | — |
| | 含有20%膨润土、80%$SiO_2$砂子的混合物 | 1.47~1.64 | — | — |
| | 含有15%膨润土，85%$SiO_2$砂子的混合物 | 1.00~1.10 | — | — |
| | 含有10%膨润土、90%$SiO_2$砂子的混合物 | 2.08~2.42 | — | — |
| | 含有30%膨润土、70%$SiO_2$砂子的混合物 | 2.08~2.42 | — | — |

注：本表根据《地源热泵系统工程技术规范》GB 50366—2005（2009年版）的规定编制。

## 聚乙烯（PE）管外径及公称壁厚（mm）

| 公称外径 dn | 平均外径 | | 公称壁厚 / 材料等级 | | |
|---|---|---|---|---|---|
| | | | 公称压力 | | |
| | 最小 | 最大 | 1.0 MPa | 1.25 MPa | 1.6 MPa |
| 20 | 20.0 | 20.3 | — | — | — |
| 25 | 25.0 | 25.3 | — | $2.3^{+0.5}$/PE80 | — |
| 32 | 32.0 | 32.3 | — | $3.0^{+0.5}$/PE80 | $3.0^{+0.5}$/PE100 |
| 40 | 40.0 | 40.4 | — | $3.7^{+0.6}$/PE80 | $3.7^{+0.6}$/PE100 |
| 50 | 50.0 | 50.5 | — | $4.6^{+0.7}$/PE80 | $4.6^{+0.7}$/PE100 |
| 63 | 63.0 | 63.6 | $4.7^{+0.8}$/PE80 | $4.7^{+0.8}$/PE100 | $5.8^{+0.9}$/PE100 |
| 75 | 75.0 | 75.7 | $4.5^{+0.7}$/PE100 | $5.6^{+0.9}$/PE100 | $6.8^{+1.1}$/PE100 |
| 90 | 90.0 | 90.9 | $5.4^{+0.9}$/PE100 | $6.7^{+1.1}$/PE100 | $8.2^{+1.3}$/PE100 |
| 110 | 110.0 | 111.0 | $6.6^{+1.1}$/PE100 | $8.1^{+1.3}$/PE100 | $10.0^{+1.5}$/PE100 |
| 125 | 125.0 | 126.2 | $7.4^{+1.2}$/PE100 | $9.2^{+1.4}$/PE100 | $11.4^{+1.8}$/PE100 |

| 公称外径 dn | 平均外径 | | 公称壁厚 / 材料等级 | | |
|---|---|---|---|---|---|
| | | | 公称压力 | | |
| | 最小 | 最大 | 1.0 MPa | 1.25 MPa | 1.6 MPa |
| 140 | 140.0 | 141.3 | $8.3^{+1.3}$/PE100 | $10.3^{+1.6}$/PE100 | $12.7^{+2.0}$/PE100 |
| 160 | 160.0 | 161.5 | $9.5^{+1.5}$/PE100 | $11.8^{+1.8}$/PE100 | $14.6^{+2.2}$/PE100 |
| 180 | 180.0 | 181.7 | $10.7^{+1.7}$/PE100 | $13.3^{+2.0}$/PE100 | $16.4^{+3.2}$/PE100 |
| 200 | 200.0 | 201.8 | $11.9^{+1.8}$/PE100 | $14.7^{+2.3}$/PE100 | $18.2^{+3.6}$/PE100 |
| 225 | 225.0 | 227.1 | $13.4^{+2.1}$/PE100 | $16.6^{+3.3}$/PE100 | $20.5^{+4.0}$/PE100 |
| 250 | 250.0 | 252.3 | $14.8^{+2.3}$/PE100 | $18.4^{+3.6}$/PE100 | $22.7^{+4.5}$/PE100 |
| 280 | 280.0 | 282.6 | $16.6^{+3.3}$/PE100 | $20.6^{+4.1}$/PE100 | $25.4^{+5.0}$/PE100 |
| 315 | 315.0 | 317.9 | $18.7^{+3.7}$/PE100 | $23.2^{+4.6}$/PE100 | $28.6^{+5.7}$/PE100 |
| 355 | 355.0 | 358.2 | $21.1^{+4.2}$/PE100 | $26.1^{+5.2}$/PE100 | $32.2^{+6.4}$/PE100 |
| 400 | 400.0 | 403.6 | $23.7^{+4.7}$/PE100 | $29.4^{+5.8}$/PE100 | $36.3^{+7.2}$/PE100 |

## 聚丁烯（PB）管外径及公称壁厚（mm）

| 公称外径 dn | 平均外径 | | 公称壁厚 |
|---|---|---|---|
| | 最小 | 最大 | |
| 20 | 20.0 | 20.3 | $1.9^{+0.3}$ |
| 25 | 25.0 | 25.3 | $2.3^{+0.4}$ |
| 32 | 32.0 | 32.3 | $2.9^{+0.4}$ |
| 40 | 40.0 | 40.4 | $3.7^{+0.5}$ |

| 公称外径 dn | 平均外径 | | 公称壁厚 |
|---|---|---|---|
| | 最小 | 最大 | |
| 50 | 49.9 | 50.5 | $4.6^{+0.6}$ |
| 63 | 63.0 | 63.6 | $5.8^{+0.7}$ |
| 75 | 75.0 | 75.7 | $6.8^{+0.8}$ |
| 90 | 90.0 | 90.9 | $8.2^{+1.0}$ |

| 公称外径 dn | 平均外径 | | 公称壁厚 |
|---|---|---|---|
| | 最小 | 最大 | |
| 110 | 110.0 | 111.0 | $10.0^{+1.1}$ |
| 125 | 125.0 | 126.2 | $11.4^{+1.3}$ |
| 140 | 140.0 | 141.3 | $12.7^{+1.4}$ |
| 160 | 160.0 | 161.5 | $14.6^{+1.6}$ |

注：本表根据《地源热泵系统工程技术规范》GB 50366—2005（2009 年版）的要求编制。

# 地埋管外径及壁厚

## 乙二醇水溶液的动力粘度（mPa·S）

| 体积浓度（%）<br>温度（℃） | 10 | 20 | 30 | 40 | 50 | 60 |
|---|---|---|---|---|---|---|
| -10 | — | — | 6.19 | 9.06 | 12.74 | 19.62 |
| -5 | — | 3.65 | 5.03 | 7.18 | 10.05 | 15.25 |
| 0 | 2.08 | 3.02 | 4.15 | 5.83 | 8.09 | 12.05 |
| 5 | 1.79 | 2.54 | 3.48 | 4.82 | 6.63 | 9.66 |
| 10 | 1.56 | 2.18 | 2.95 | 4.04 | 5.5 | 7.85 |
| 15 | 1.37 | 1.89 | 2.53 | 3.44 | 4.63 | 6.46 |
| 20 | 1.21 | 1.65 | 2.2 | 2.96 | 3.94 | 5.38 |
| 25 | 1.08 | 1.46 | 1.92 | 2.57 | 3.39 | 4.52 |
| 30 | 0.97 | 1.3 | 1.69 | 2.26 | 2.94 | 3.84 |
| 35 | 0.88 | 1.17 | 1.5 | 1.99 | 2.56 | 3.29 |
| 40 | 0.8 | 1.06 | 1.34 | 1.77 | 2.26 | 2.84 |

## 乙二醇水溶液的凝固点

| 乙二醇浓度 | | | | | | | | | | | | | |
|---|---|---|---|---|---|---|---|---|---|---|---|---|---|
| 乙二醇浓度 | 质量(%) | 5 | 10 | 15 | 20 | 25 | 30 | 35 | 40 | 45 | 50 | 55 | 60 |
| | 体积(%) | 4.4 | 8.9 | 13.6 | 18.1 | 22.9 | 27.7 | 32.6 | 37.5 | 42.5 | 47.5 | 52.7 | 57.8 |
| 凝固点（℃） | | -1.4 | -3.2 | -5.4 | -7.8 | -10.7 | -14.1 | -17.9 | -22.3 | -27.5 | -33.8 | -41.1 | -48.3 |

注：以上物性参数对应的大气压力均为1个标准大气压。

# 第二篇

# 太阳能光伏系统

# 太阳能光伏系统设计施工说明

## 1 总则

新建工程光伏系统的设计须与建筑设计同步进行，统一规划、同时设计、同步施工。改建、扩建和既有建筑上安装光伏系统，应满足该部位的建筑围护、建筑节能、结构安全和电气安全需要。

应用光伏系统的民用建筑，其规划设计应根据建设地点的地理位置、气候特征及太阳能资源条件，确定建筑布局、朝向、间距、群体组合和空间环境，并应满足光伏系统设计和安装的技术要求。应结合建筑功能、建筑外观及周围环境条件等因素，对光伏组件的类型、安装位置、安装方式和色泽等方面进行选择，使之成为建筑的和谐有机组成部分。

1.1 我国主要地区的光伏电站安装角度等级如表 1.1 所示。

表 1.1 最佳安装角度速查表

| 角度等级 | 地 区 | 备 注 |
|---|---|---|
| 15° | 云南、广西、广东、福建 | 各地区的最佳安装倾角并非刚好与其相应的角度等级数值相等，应视当地经纬度另行计算 |
| 20° | 湖南、江西、贵州、浙江、四川 | |
| 25° | 上海、安徽、河南、湖北、四川 | |
| 30° | 西藏、陕西、山东、河南 | |
| 35° | 北京、天津、甘肃、青海、宁夏、山东、河北、山西 | |
| 40° | 新疆、内蒙古、辽宁、吉林 | |
| 45° | 内蒙古、吉林、黑龙江 | |

1.2 屋面是建筑利用太阳能的主要部位，在屋面布置太阳能光伏组件，需要合理设计太阳能光伏组件的倾角、间距与方位角，以获得最优的发电量。其中，倾角与方位角在目前太阳能业界已经达成广泛共识，而间距在工程实践中一般都是依据《光伏发电站设计规范》GB 50797—2012 的相关规定进行计算。相对于建设在地广人稀之地的地面电站，建筑屋顶面积有限，必须从合理利用的角度出发，对布置间距进行优化。通过辐照等分析，平衡其相互遮挡程度与发电量的关系，形成的建筑屋面布置间距推荐值如表 1.2 所示。

表 1.2 平屋面单个光伏组件板（高 800 mm）的布置间距推荐值

| 地区 | 角度等级 | 布置间距（mm） |
|---|---|---|
| 上海 | 25° | ［400，650］ |
| 北京 | 35° | ［900，1 365］ |
| 沈阳 | 40° | ［1 000，1 675］ |
| 广州 | 15° | ［280，350］ |

1.3 在建筑光伏一体化设计中，光伏组件除了前后遮挡影响外，由于当日太阳高度角的变化，前板往往会对正后方两边的光伏组件形成侧向遮挡。这一现象在横向布置较多光伏组件的形式中会造成的较大影响，在布置时需考虑并避免遮挡影响被扩大，布置时应避免表 1.3–1 中的长宽比。

表 1.3–1 平屋面光伏组件由横向遮挡因素确定的不利长宽比

| 地区 | 角度等级 | 布置间距（mm） |
|---|---|---|
| 上海 | 25° | 16 ：1 |
| 北京 | 35° | 18 ：1 |
| 沈阳 | 40° | 12 ：1 |
| 广州 | 15° | 16 ：1 |

另外，各地区不同间距平屋面光伏组件的横向遮挡率可以查询表 1.3-2。

表 1.3-2 不同间距平屋面光伏组件的横向遮挡率速查表（%）

| | 间距（mm） | 单组 | 2 组 | 4 组 | 8 组 | 10 组 | 15 组 | 25 组 | 50 组 |
|---|---|---|---|---|---|---|---|---|---|
| 上海 | 650 | 1.18 | 1.45 | 1.61 | 1.87 | 1.60 | 1.23 | 0.99 | 0.77 |
| | 500 | 1.89 | 2.09 | 2.00 | 2.86 | 2.58 | 1.97 | 1.44 | 1.04 |
| | 400 | 2.80 | 3.32 | 3.87 | 4.36 | 3.73 | 2.99 | 2.95 | 1.52 |
| 北京 | 间距（mm） | 单组 | 2 组 | 4 组 | 6 组 | 9 组 | 15 组 | 25 组 | 40 组 |
| | 1200 | 0.50 | 0.65 | 0.83 | 1.87 | 1.18 | 0.81 | 0.61 | 0.48 |
| | 900 | 1.20 | 1.52 | 1.84 | 1.87 | 2.55 | 1.79 | 1.28 | 0.83 |
| 沈阳 | 间距（mm） | 单组 | 2 组 | 4 组 | 6 组 | 9 组 | 15 组 | 25 组 | 40 组 |
| | 1300 | 0.31 | 0.49 | 0.54 | 0.78 | 0.60 | 0.50 | 0.39 | 0.27 |
| | 1000 | 1.22 | 1.96 | 2.04 | 2.90 | 2.25 | 1.78 | 1.24 | 0.83 |
| 广州 | 间距（mm） | 单组 | 2 组 | 4 组 | 8 组 | 10 组 | 15 组 | 25 组 | 40 组 |
| | 350 | 1.18 | 1.35 | 1.49 | 1.58 | 1.45 | 1.16 | 0.83 | 0.55 |
| | 280 | 1.62 | 1.96 | 2.01 | 2.12 | 2.01 | 1.58 | 1.06 | 0.69 |

1.4 建筑光伏一体化设计中，光伏组件的安装会受到建筑本身形态的影响。在实际工程项目中难以确保光伏组件的布置方位角刚好为正南向。为使光伏组件在建筑屋顶布置时既能迎合建筑朝向，又能获得较好的发电效率，布置时可以参考表 1.4。

表 1.4 平屋面光伏组件方位角度变化范围推荐值

| 地区 | 角度等级 | 推荐方位角变化范围 |
|---|---|---|
| 上海 | 25° | 正南向至南偏东 30° |
| 北京 | 35° | 正南向至南偏东 30° |
| 沈阳 | 40° | 南偏西 30° 至正南向 |
| 广州 | 15° | 正南向至南偏东 30° |

1.5 现代建筑屋顶形式多变，弧形屋顶由于其独特的设计感，被广泛用于各种商业、体育建筑之中。弧形屋顶由于其弧度变化，光伏组件设置变得困难，在弧形屋顶上，针对适宜光伏组件布置的区域，可参考表 1.5。

表 1.5 弧形屋面倾角的法线角度推荐值

| 地区 | 角度等级 | 东向 | 西向 | 南向 | 北向 |
|---|---|---|---|---|---|
| 上海 | 25° | >22.8° | >36.2° | >19.9° | >53.9° |
| 北京 | 35° | >22.8° | >33.7° | >10.2° | >57.8° |
| 沈阳 | 40° | >19.3° | >20.1° | >12.4° | >66.8° |
| 广州 | 15° | >63.2° | >69.2° | >49.7° | >78.4° |

1.6 光伏组件在坡屋面的布置中，需要预留一定高度以形成通风腔。以上海的气象条件为例，在夏季炎热时段，薄膜太阳能电池的光伏组件背板平均温度可达 54 ~ 58 ℃，可比室外气温超出约 21 ~ 25℃。通风腔高度的提升对光伏组件的正面温度几乎无影响，对背板温度的降低则有着显著作用，但这一作用存在一定的有效距离。当来风趋于稳定后，每增加 10 cm 通风腔高度，平均可带来 2 ℃左右的温度降低幅度。在布置光伏组件时，建议一定模块之间增大光伏组件之间的水平通风间距，可有效降低组件背板的温度。针对上海地区，水平间距、通风腔高度以及模块大小组合的推荐值可参考表 1.6。

表 1.6 上海地区屋面光伏组件通风高度及布置间距推荐值（mm）

| 地区 | 角度等级 | 垂直高度 | 水平间距 | 模块大小 |
|---|---|---|---|---|
| 上海 | 25° | 100 | 1 500 | 5 000×5 000 |

## 2 选用与选装要求

2.1 应结合建筑的功能、外观及其周围环境条件，对光伏组件类型、安装位置、安装方式和色泽等进行选择，应使之成为建筑的有机组成部分。

2.2 选用光伏组件时应综合考虑光伏组件在一年中的运行时间、运行期间内的风环境、日照条件、经济条件、维护管理等多方面因素，在风速较大的地区要采取防风措施。

2.3 光伏组件及其连接件的规格、性能参数及安全要求由光伏厂家提供，其中连接件的尺寸、规格、荷载、位置需要经过设计，预埋件、支撑龙骨及连接件均应按照国家相关标准规范要求设计。预埋件施工时应确保定位无误。

2.4 光伏组件不应跨越建筑变形缝安装。

## 3 术语

3.1 太阳能光伏系统 solar photovoltaic（PV）system

利用太阳能电池的光伏效应将太阳辐射能直接转换成电能的发电系统。简称光伏系统。

3.2 光伏建筑一体化 building integrated photovoltaic（BIPV）

在建筑上安装光伏系统，并通过专门设计，实现光伏系统与建筑的良好结合。

3.3 光伏构件 PV components

工厂模块化预制的，具备光伏发电功能的建筑材料或建筑构件。

3.4 光伏电池 PV cell

将太阳辐射能直接转换成为电能的一种器件，也称太阳能电池。

3.5 光伏组件 PV module

具有封装及内部联构的、能单独提供直流电流输出的且最小不可分割的太阳能电池组合装置，也称太阳能电池组件。

3.6 光伏方阵 PV array

由若干个光伏组件或光伏构件在机械和电气上按一定方式组装在一起，并且有固定的支撑结构而构成的直流发电单元。

3.7 光伏电池倾角 tilt angle of PV cell

光伏电池所在平面与水平面的夹角。

## 4 示意图

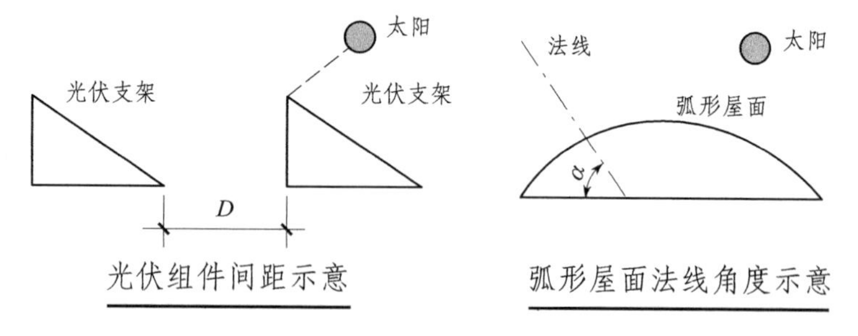


光伏组件间距示意　　弧形屋面法线角度示意

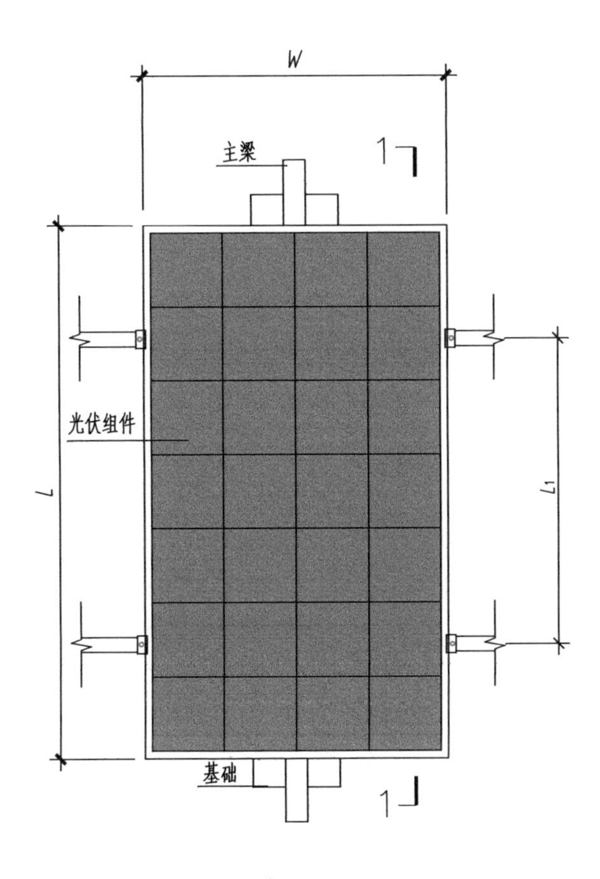


倾角支架平面图

光伏组件
次梁
主梁
后立柱
基础
前立柱
α

1－1剖面图

注：1. 具体做法可参考个体工程案例设计。
2. 图中$\alpha$、$L_1$、$L$、$W$为组件尺寸，需根据建筑要求进行进一步设计，组件及安装龙骨等连接件由厂商提供。
3. 预埋件尺寸需经荷载计算得出。

| 屋面立柱型倾角支架安装示意图 | 篇目 | 第二篇 太阳能光伏系统 |
| --- | --- | --- |
| | 页 | 67 |

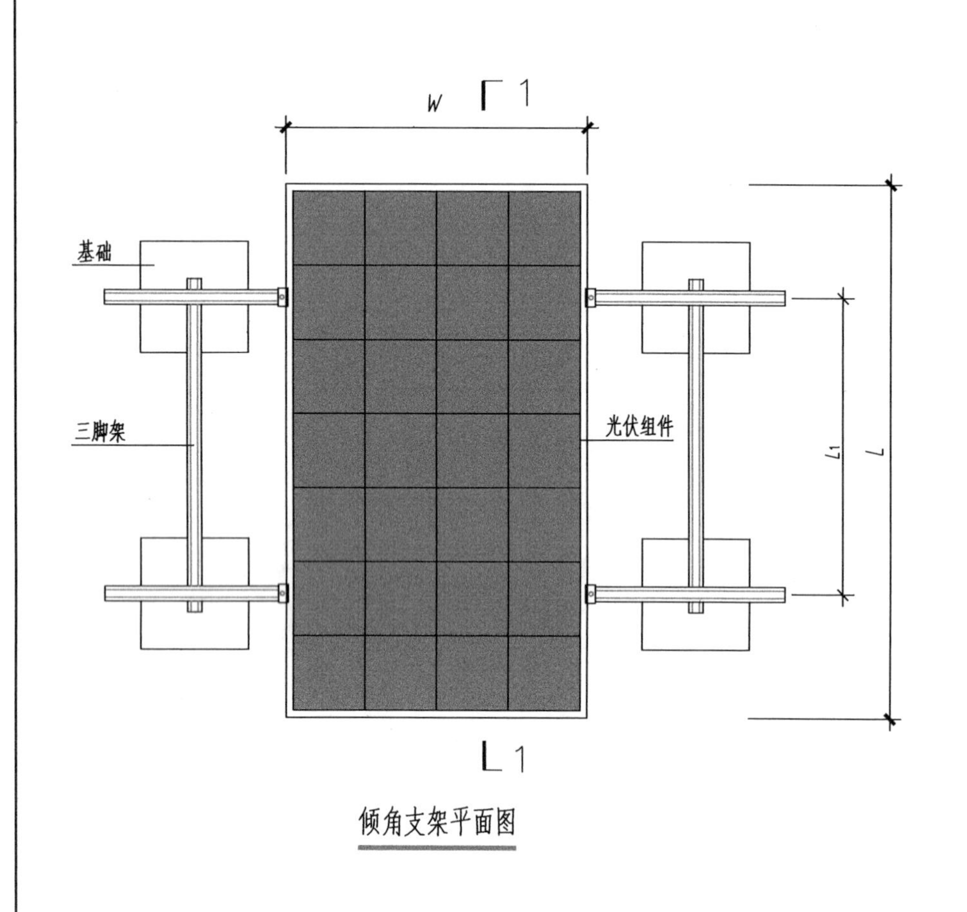


倾角支架平面图

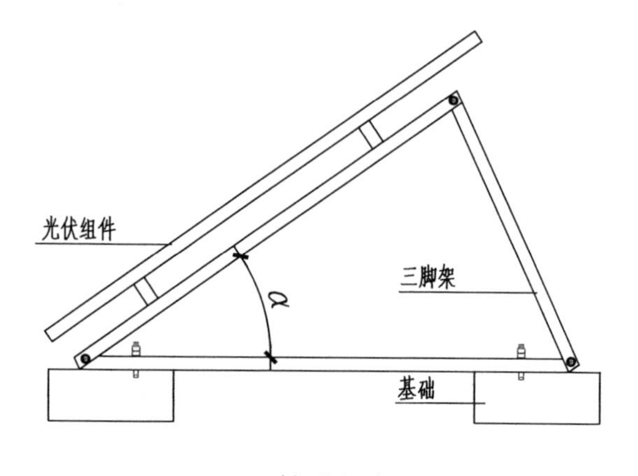


1—1剖面图(一)

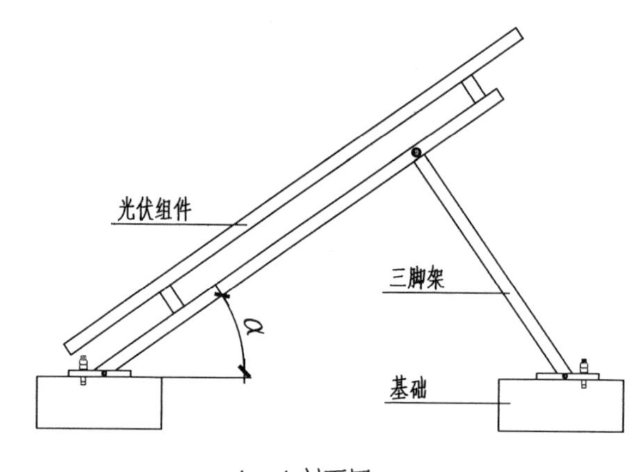


1—1剖面图(二)

注：1. 具体做法可参考个体工程案例设计。
2. 图中α、$L_1$、L、W为组件尺寸，需根据建筑要求进行进一步设计，组件及安装龙骨等连接件由厂商提供。
3. 预埋件尺寸需经荷载计算得出。

| 屋面三脚架型倾角支架安装示意图 | 篇目 | 第二篇 太阳能光伏系统 |
|---|---|---|
| | 页 | 68 |

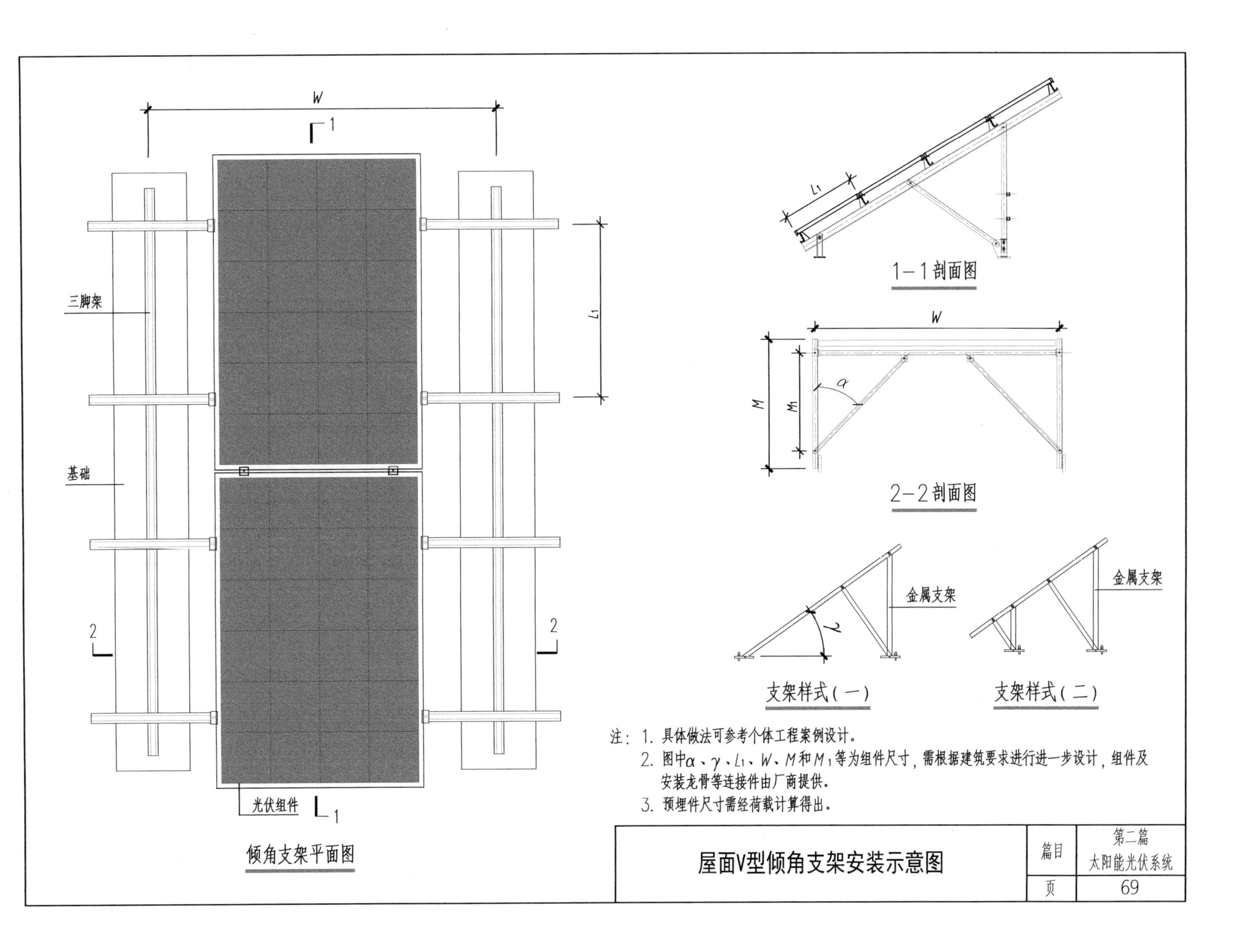
W
1
三脚架
基础
L1
2
2
光伏组件
1
倾角支架平面图
L1
1-1剖面图
W
M
M1
α
2-2剖面图
γ
金属支架
金属支架
支架样式(一)
支架样式(二)
注：1. 具体做法可参考个体工程案例设计。
2. 图中α、γ、L1、W、M和M1等为组件尺寸，需根据建筑要求进行进一步设计，组件及安装龙骨等连接件由厂商提供。
3. 预埋件尺寸需经荷载计算得出。
屋面V型倾角支架安装示意图
篇目
第二篇
太阳能光伏系统
页
69

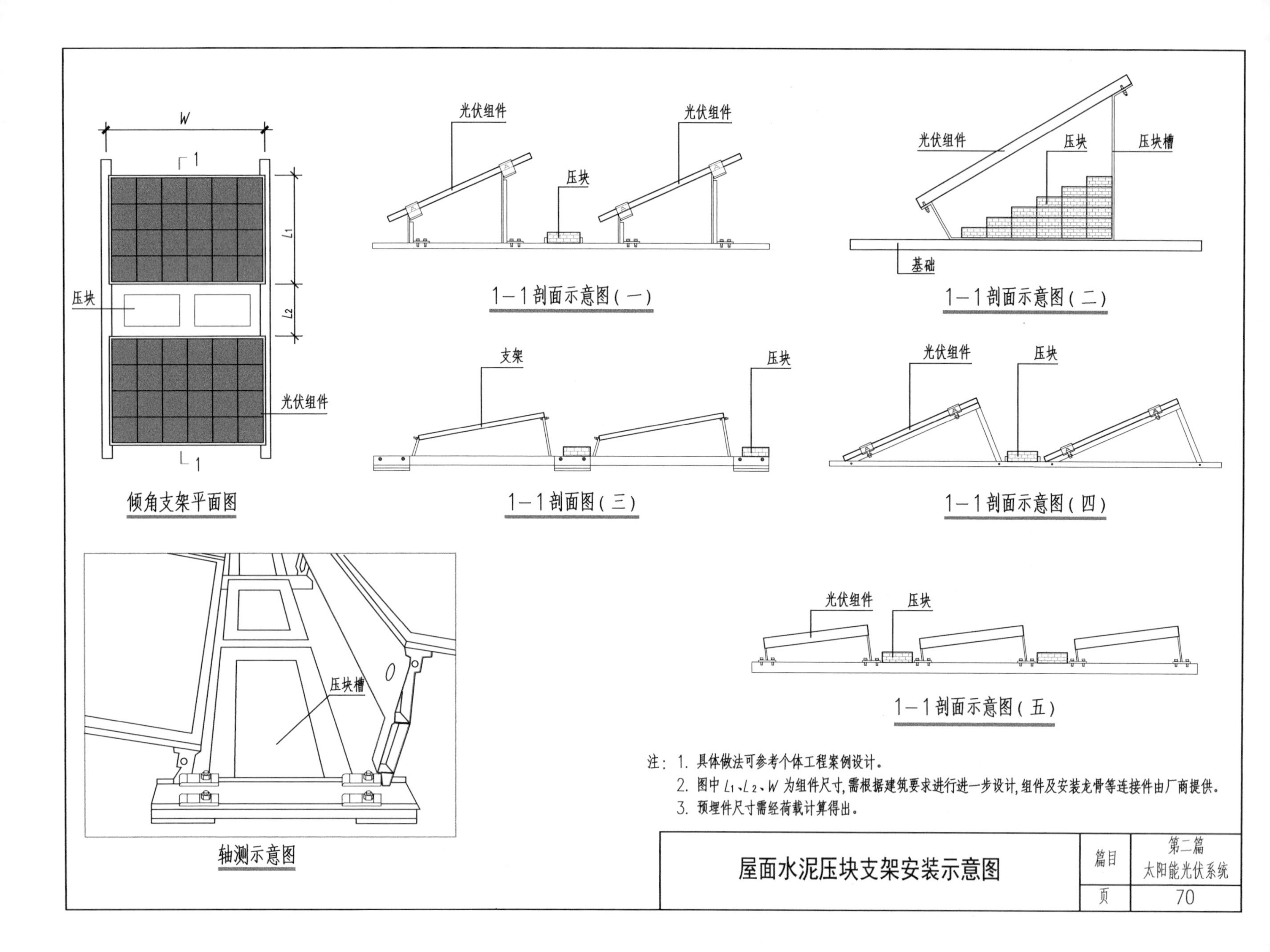


注：1. 具体做法可参考个体工程案例设计。
2. 图中 $L_1$、$L_2$、$W$ 为组件尺寸，需根据建筑要求进行进一步设计，组件及安装龙骨等连接件由厂商提供。
3. 预埋件尺寸需经荷载计算得出。

| 屋面水泥压块支架安装示意图 | 篇目 | 第二篇 太阳能光伏系统 |
| --- | --- | --- |
| | 页 | 70 |

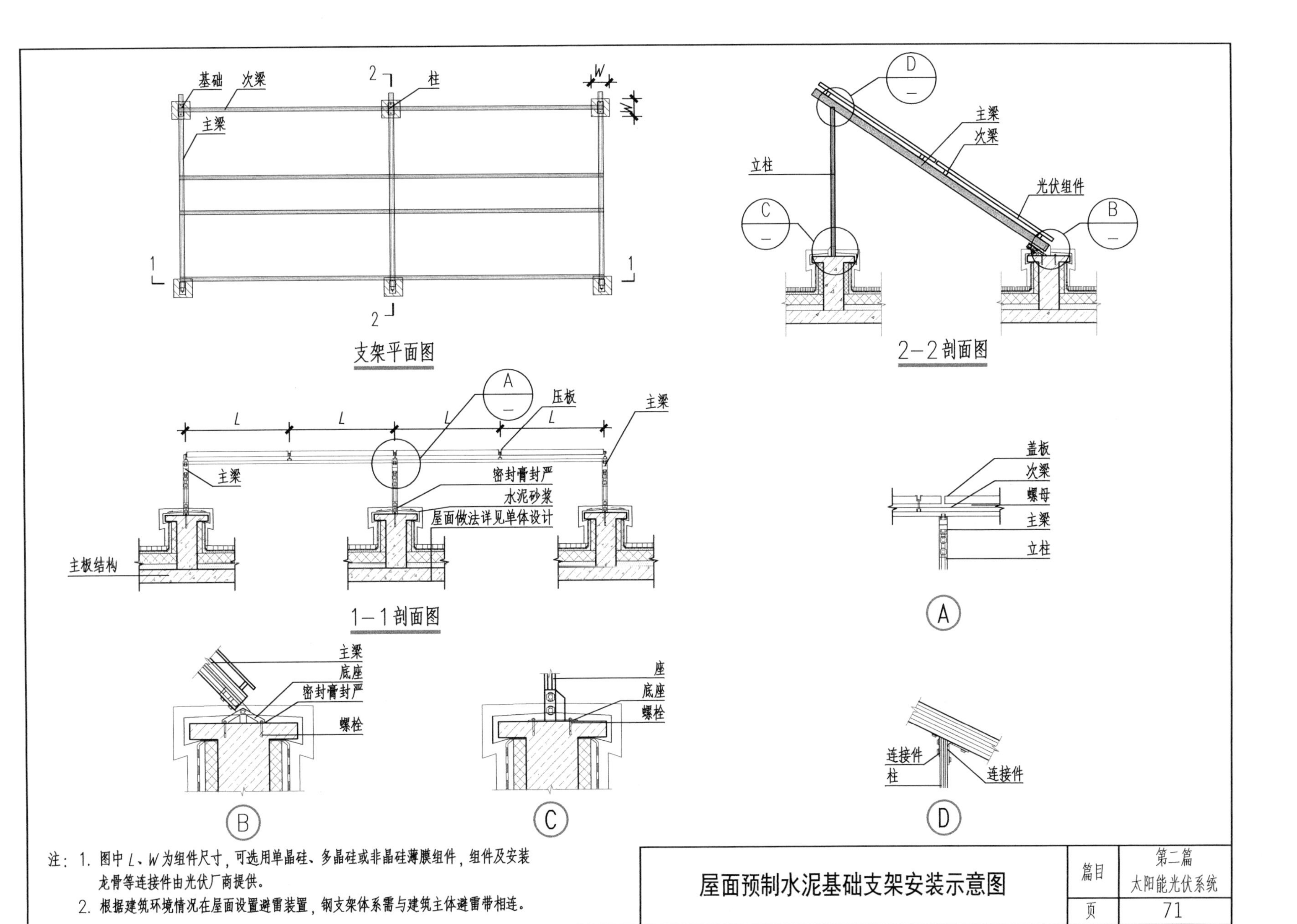


注：1. 图中 $L$、$W$ 为组件尺寸，可选用单晶硅、多晶硅或非晶硅薄膜组件，组件及安装龙骨等连接件由光伏厂商提供。

2. 根据建筑环境情况在屋面设置避雷装置，钢支架体系需与建筑主体避雷带相连。

| 屋面预制水泥基础支架安装示意图 | 篇目 | 第二篇<br>太阳能光伏系统 |
| --- | --- | --- |
| | 页 | 71 |

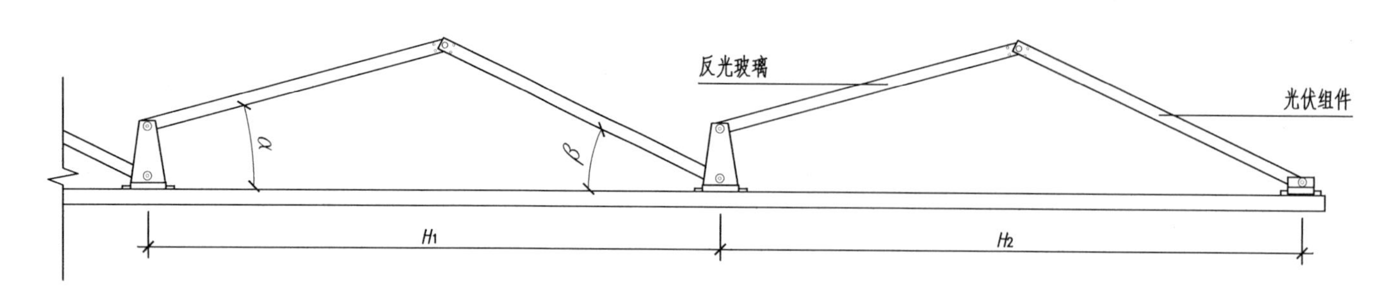


多组件反光系统立面图

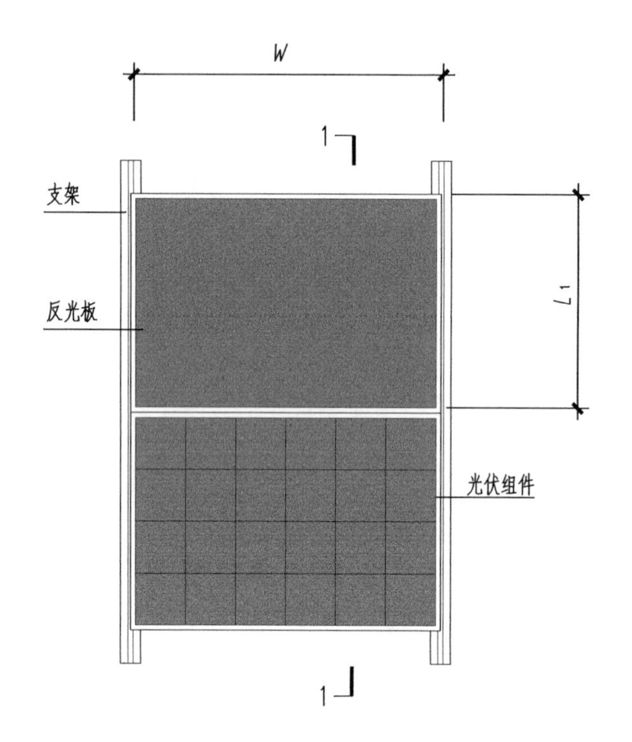


反光系统支架平面图—单组件

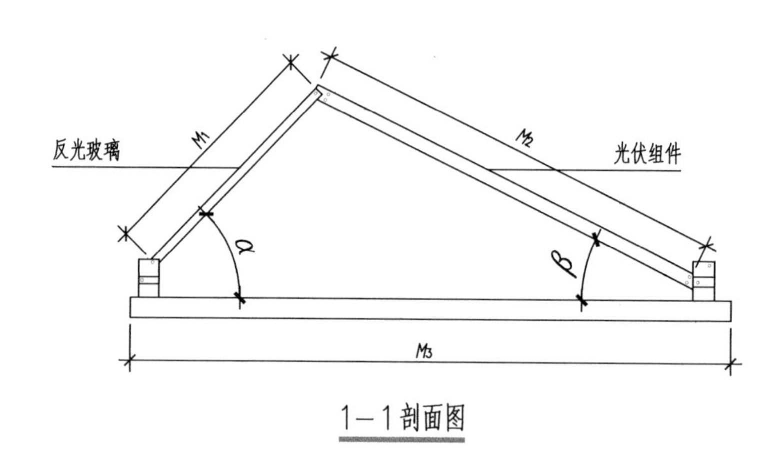


1—1剖面图

注：1. 具体做法可参考个体工程案例设计。

2. 图中α、β、$L_1$、W、$H_1$、$H_2$、$M_1$、$M_2$、$M_3$等为组件尺寸，需根据建筑要求进行进一步设计，组件及安装龙骨等连接件由厂商提供。

3. 预埋件尺寸需经荷载计算得出。

| 屋面反光板倾角支架安装示意图 | 篇目 | 第二篇 太阳能光伏系统 |
| --- | --- | --- |
| | 页 | 72 |

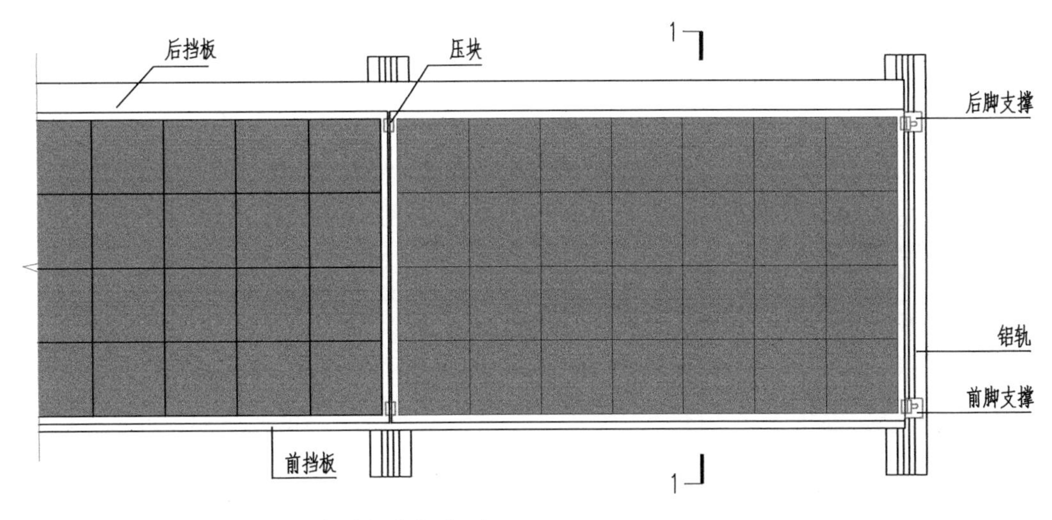


导流板支架平面图

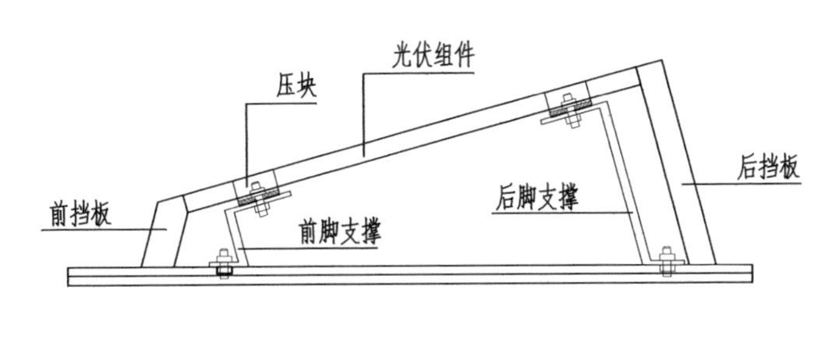


1—1剖面图

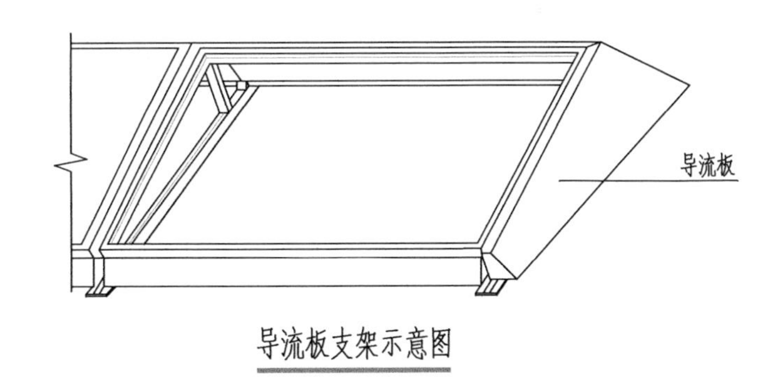


导流板支架示意图

| 屋面导流板倾角支架安装示意图 | 篇目 | 第二篇<br>太阳能光伏系统 |
| --- | --- | --- |
| | 页 | 73 |

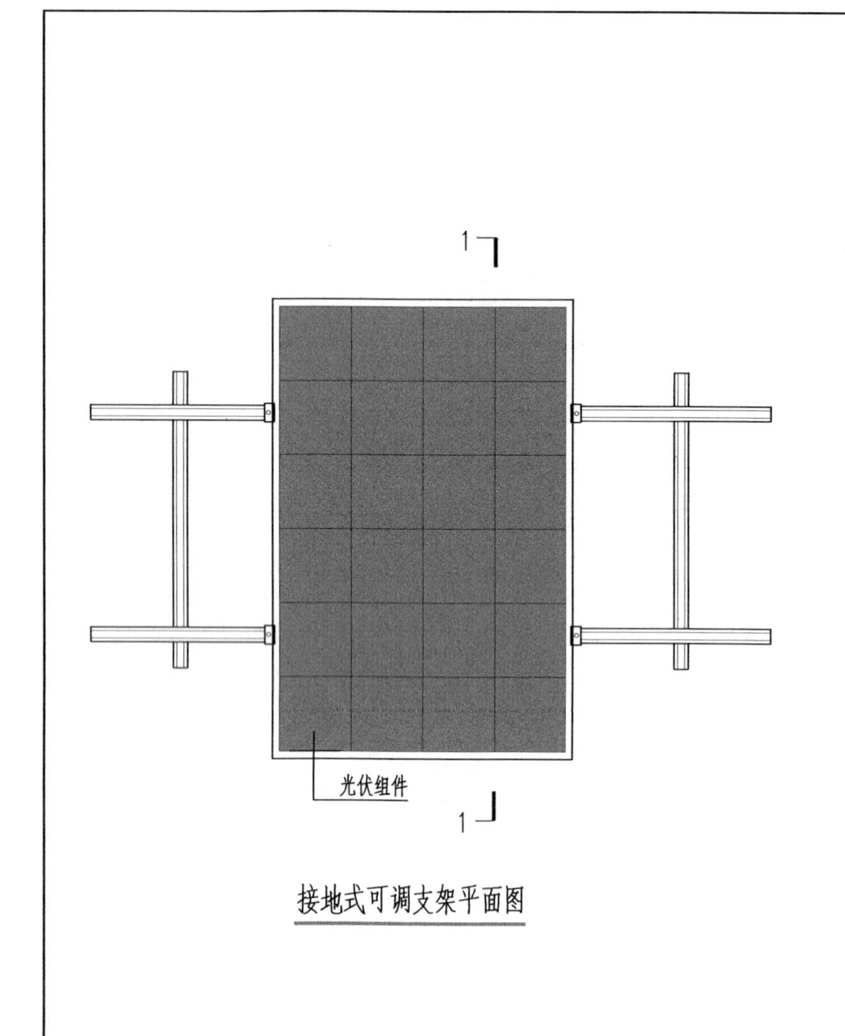


接地式可调支架平面图

光伏组件

基础

1—1剖面图（双支撑弧形支架）

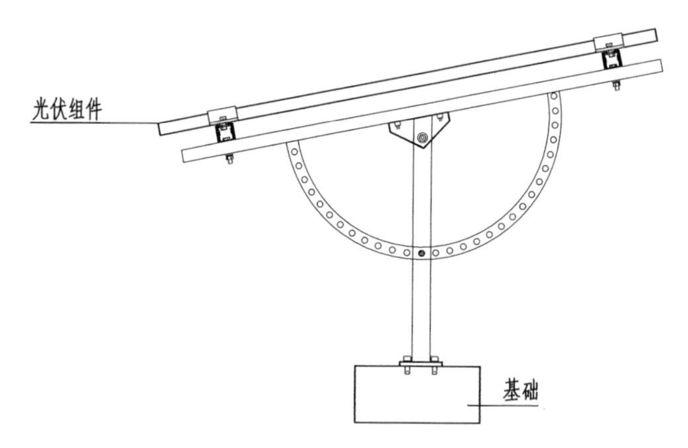


1—1剖面图（单支撑弧形支架）

## 屋面弧形可调节支架安装示意图

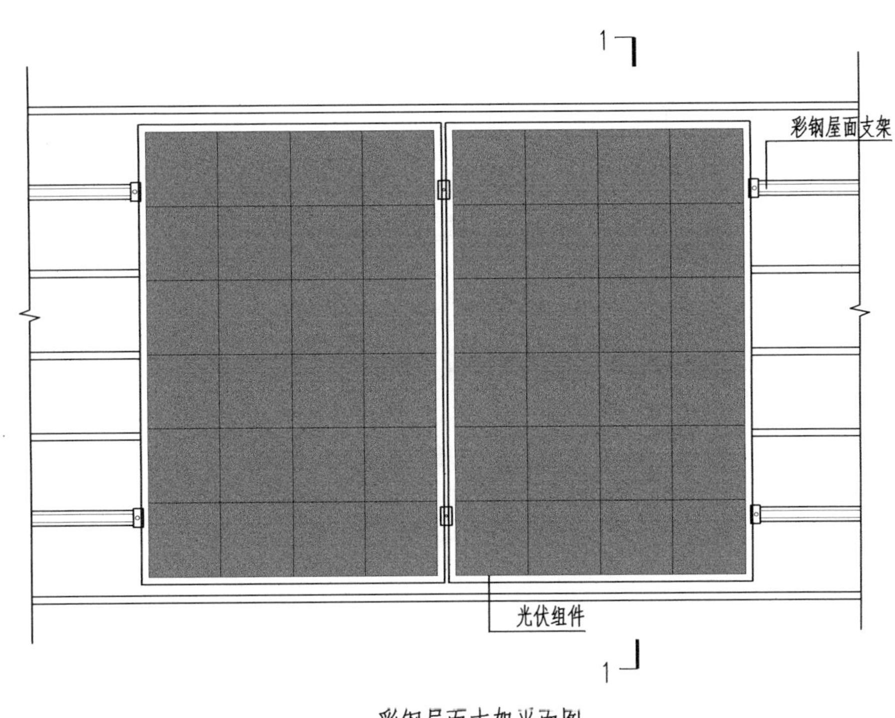


彩钢屋面支架平面图

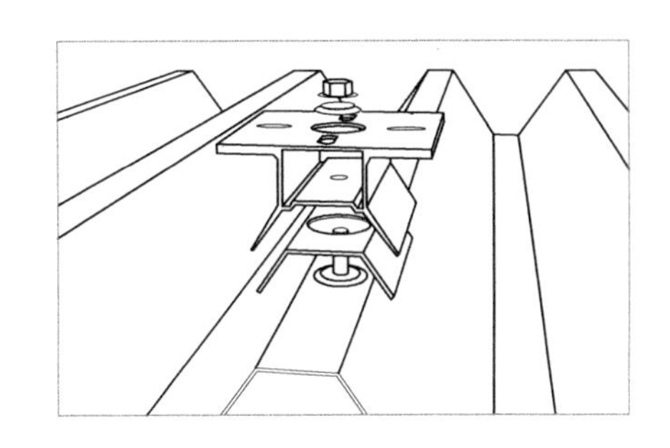

夹具节点示意图

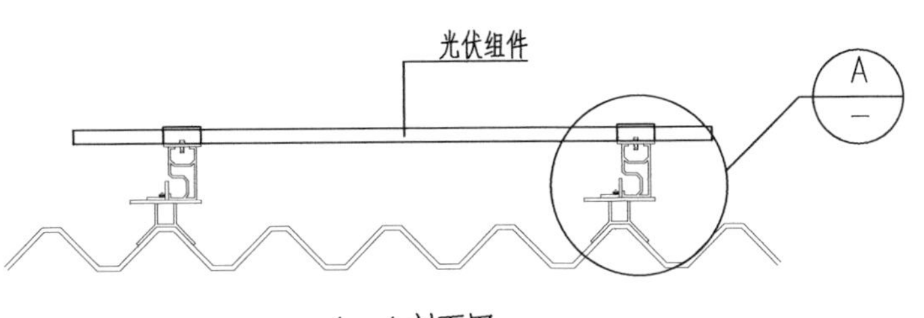


1—1剖面图

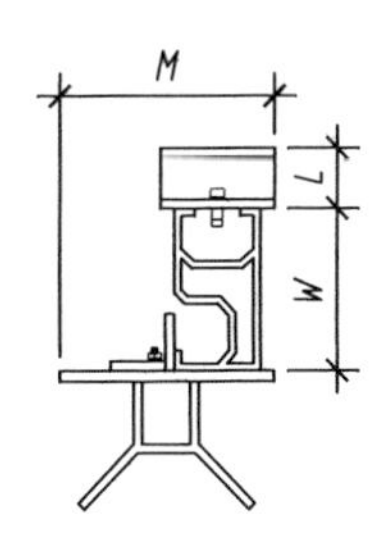


Ⓐ T型夹具节点图

注：1. 具体做法可参考个体工程案例设计。
2. 图中 $L$、$W$、$M$ 为组件尺寸，需根据建筑要求进行进一步设计，组件及安装龙骨等连接件由厂商提供。

| 彩钢屋面T型夹具支架安装示意图 | 篇目 | 第二篇 太阳能光伏系统 |
| --- | --- | --- |
| | 页 | 75 |

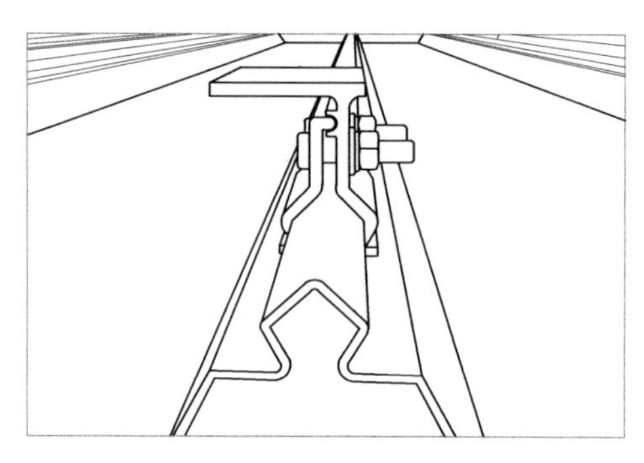

夹具节点示意图

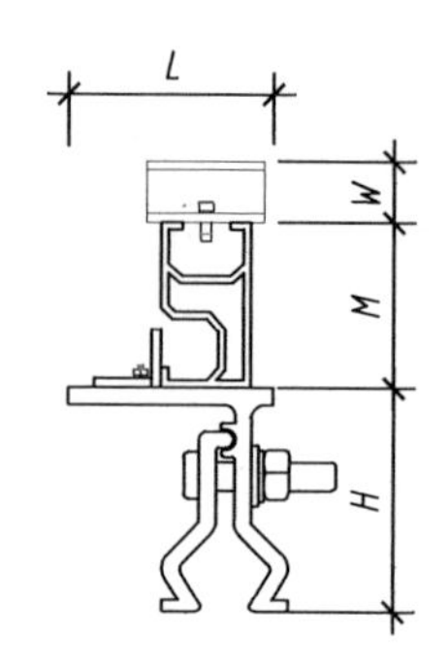


A 角驰Ⅲ型夹具节点图

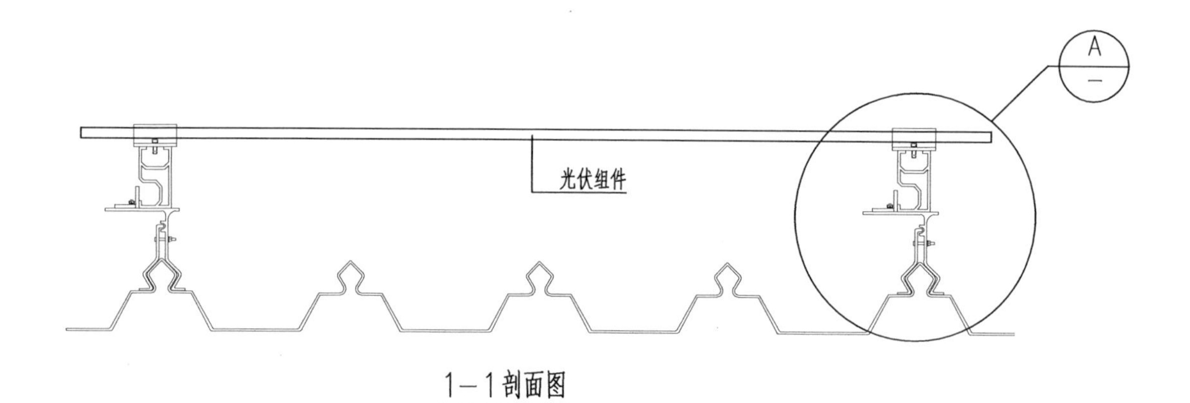


1—1剖面图

注：1. 具体做法可参考个体工程案例设计。
2. 图中 $L$、$W$、$M$、$H$ 为组件尺寸，需根据建筑要求进行进一步设计，组件及安装龙骨等连接件由厂商提供。

| 彩钢屋面角驰Ⅲ型夹具支架安装示意图 | 篇目 | 第二篇 太阳能光伏系统 |
| --- | --- | --- |
| | 页 | 76 |

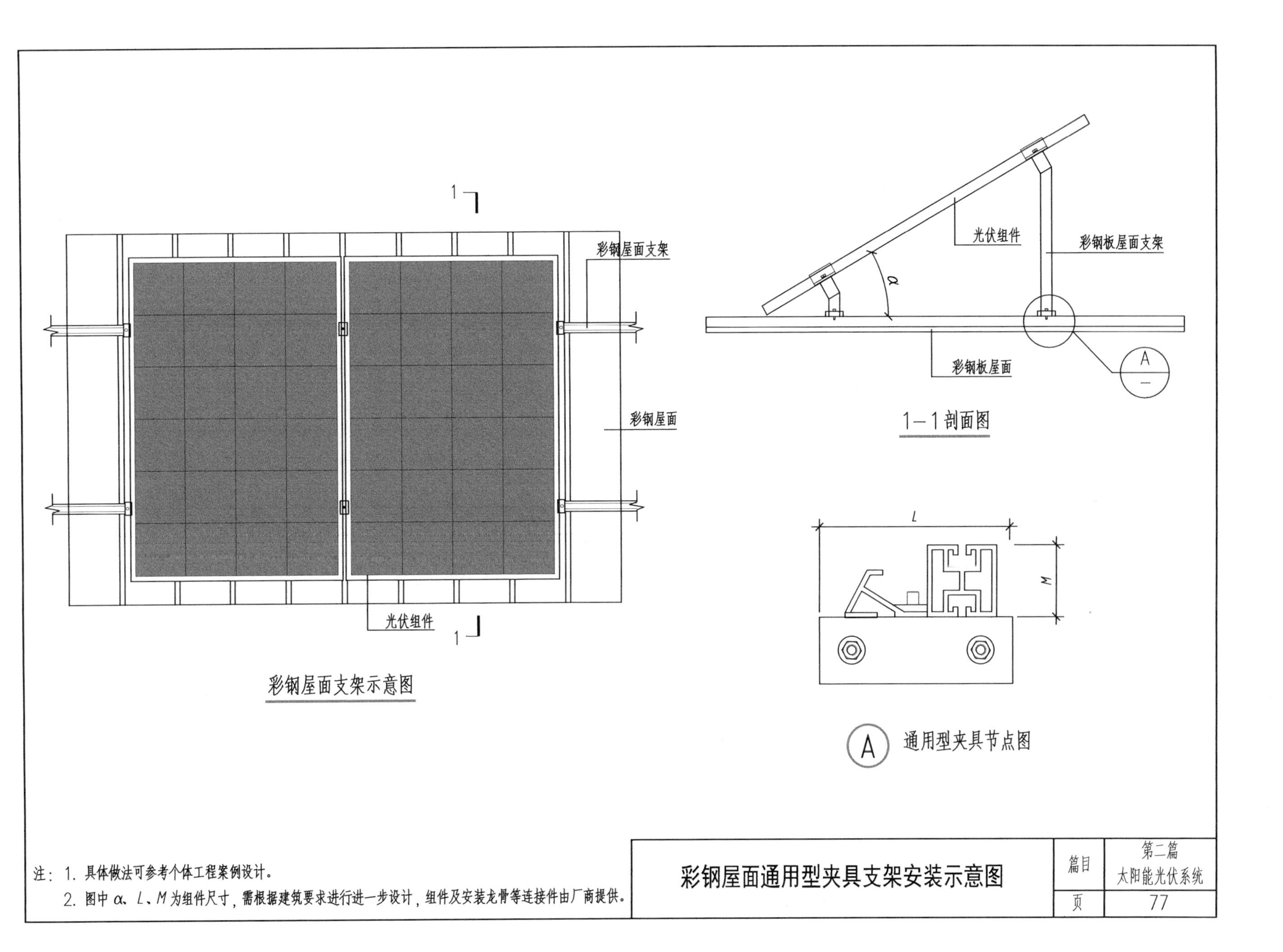
1
1
彩钢屋面支架
彩钢屋面
光伏组件
彩钢屋面支架示意图
光伏组件
彩钢板屋面支架
α
彩钢板屋面
A
—
1—1剖面图
L
M
A
通用型夹具节点图
注：1. 具体做法可参考个体工程案例设计。
2. 图中 α、L、M 为组件尺寸，需根据建筑要求进行进一步设计，组件及安装龙骨等连接件由厂商提供。
彩钢屋面通用型夹具支架安装示意图
篇目
第二篇
太阳能光伏系统
页
77

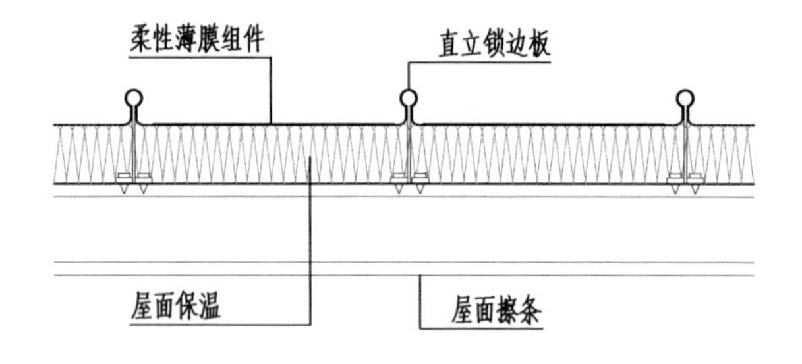


直立锁边屋面系统

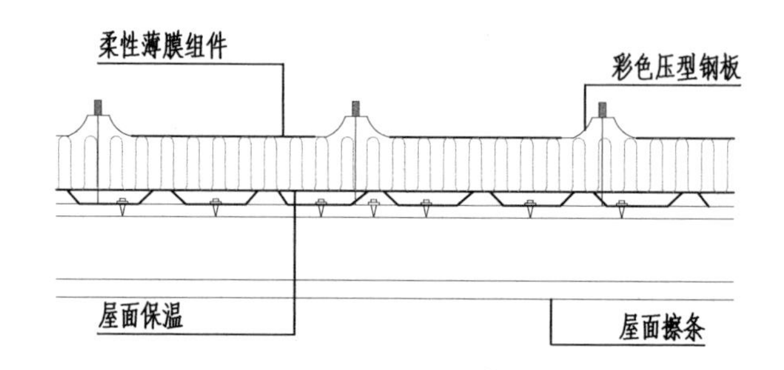


压型钢板屋面系统

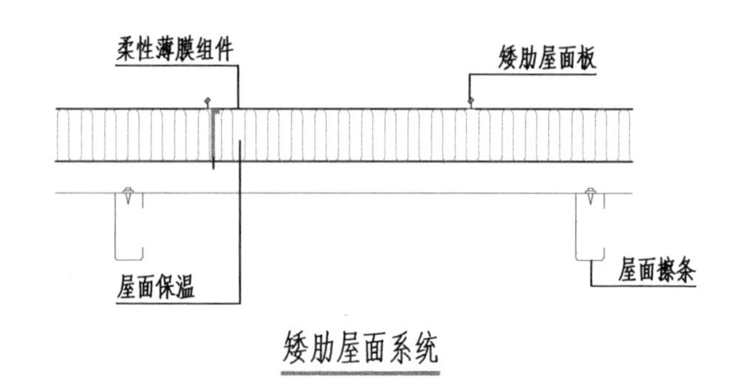


矮肋屋面系统

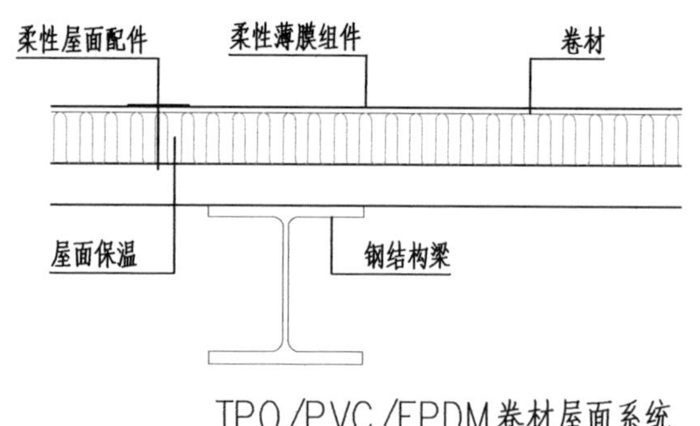


TPO/PVC/EPDM卷材屋面系统

注：柔性组件在生产时附着背胶，用隔离膜覆盖。安装时，揭开隔离膜直接将组件粘贴在作为载体的屋面上。

| 屋面柔性组件安装方式示意图（直接粘贴固定） | 篇目 | 第二篇 太阳能光伏系统 |
|---|---|---|
| | 页 | 78 |

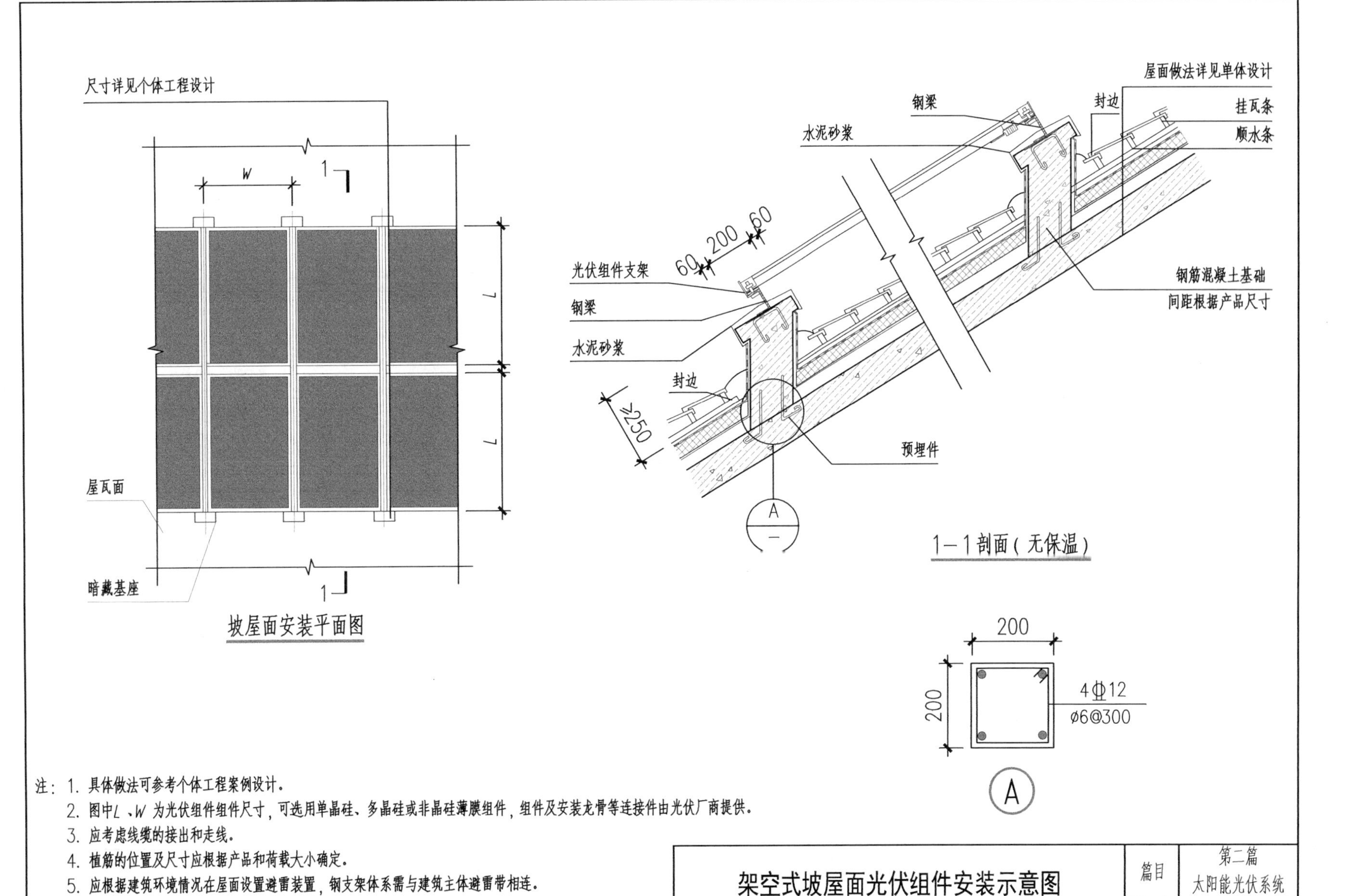


注：1. 具体做法可参考个体工程案例设计。

2. 图中$L$、$W$为光伏组件组件尺寸，可选用单晶硅、多晶硅或非晶硅薄膜组件，组件及安装龙骨等连接件由光伏厂商提供。

3. 应考虑线缆的接出和走线。

4. 植筋的位置及尺寸应根据产品和荷载大小确定。

5. 应根据建筑环境情况在屋面设置避雷装置，钢支架体系需与建筑主体避雷带相连。

6. 预埋件尺寸需经荷载计算得出。

| 架空式坡屋面光伏组件安装示意图 | 篇目 | 第二篇 太阳能光伏系统 |
|---|---|---|
| | 页 | 79 |

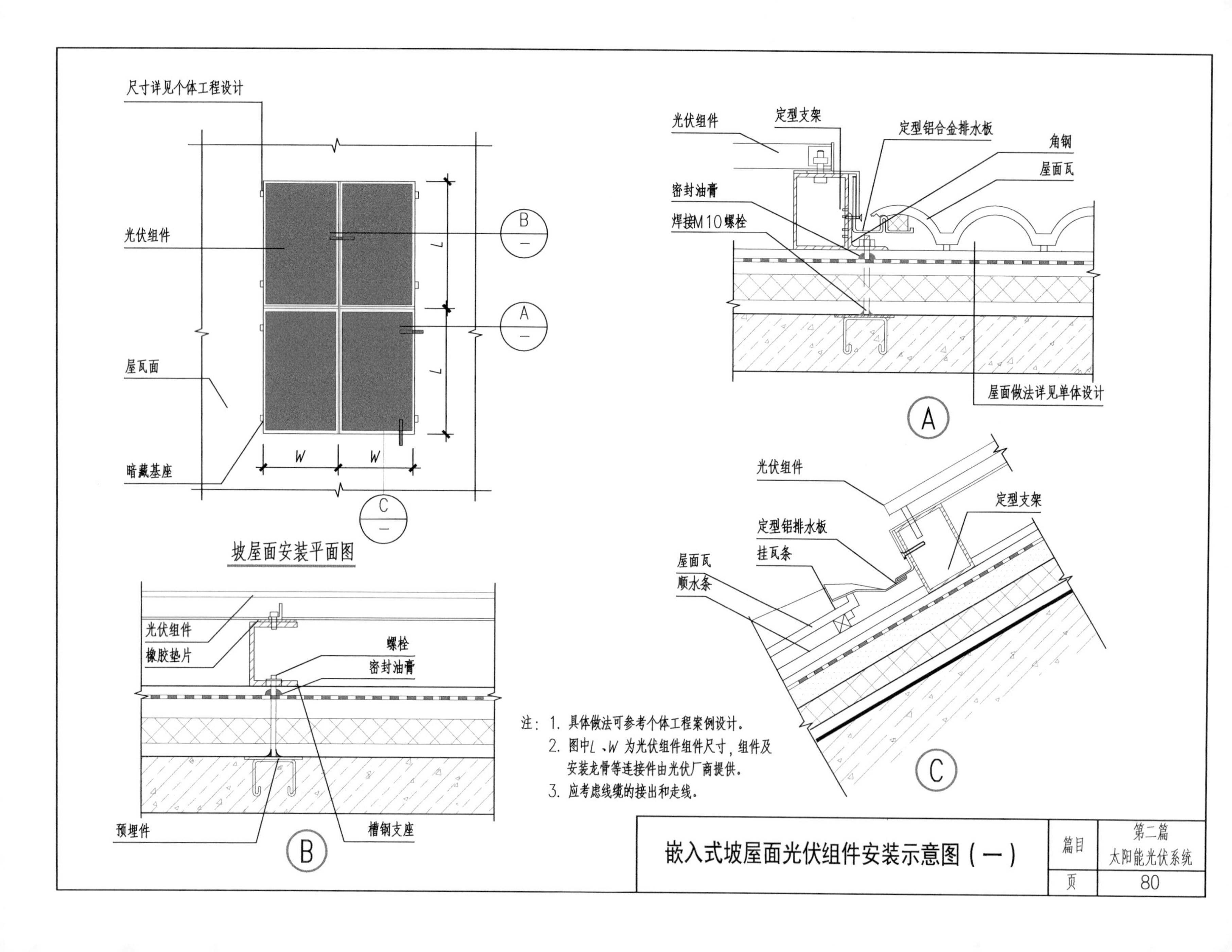


注：1. 具体做法可参考个体工程案例设计。
2. 图中L、W 为光伏组件组件尺寸，组件及安装龙骨等连接件由光伏厂商提供。
3. 应考虑线缆的接出和走线。

| 嵌入式坡屋面光伏组件安装示意图（一） | 篇目 | 第二篇 太阳能光伏系统 |
| --- | --- | --- |
| | 页 | 80 |

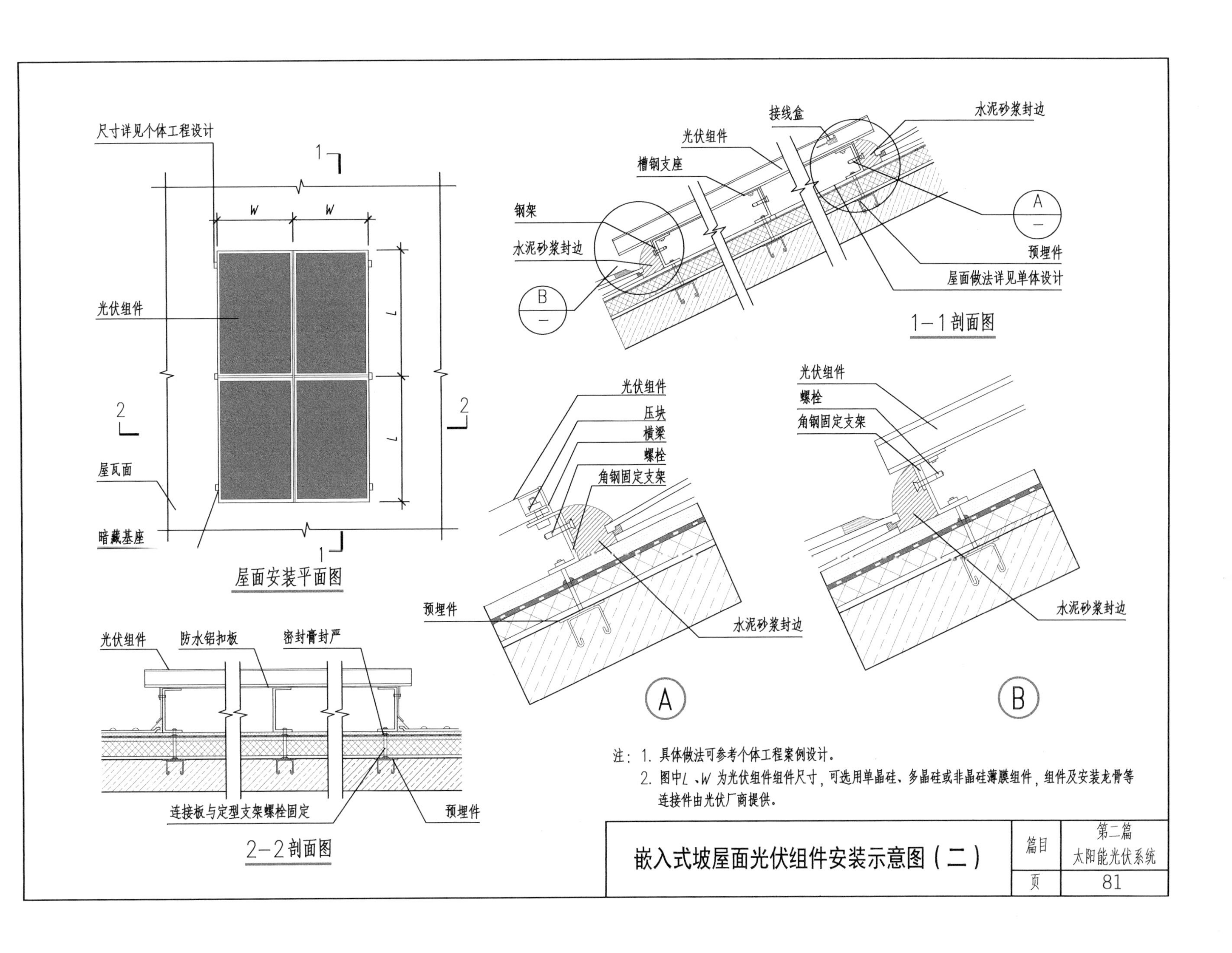


注：1. 具体做法可参考个体工程案例设计。
2. 图中L、W 为光伏组件组件尺寸，可选用单晶硅、多晶硅或非晶硅薄膜组件，组件及安装龙骨等连接件由光伏厂商提供。

| 嵌入式坡屋面光伏组件安装示意图（二） | 篇目 | 第二篇 太阳能光伏系统 |
|---|---|---|
| | 页 | 81 |

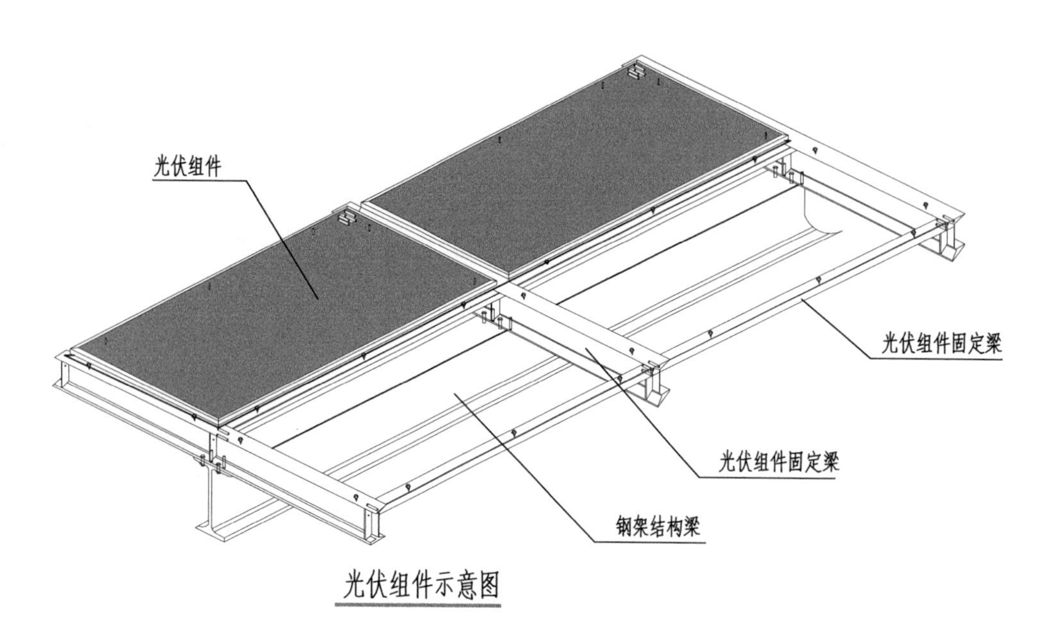


光伏组件示意图

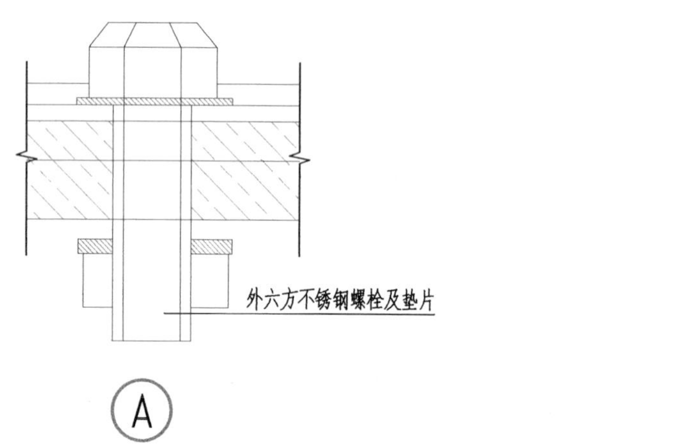


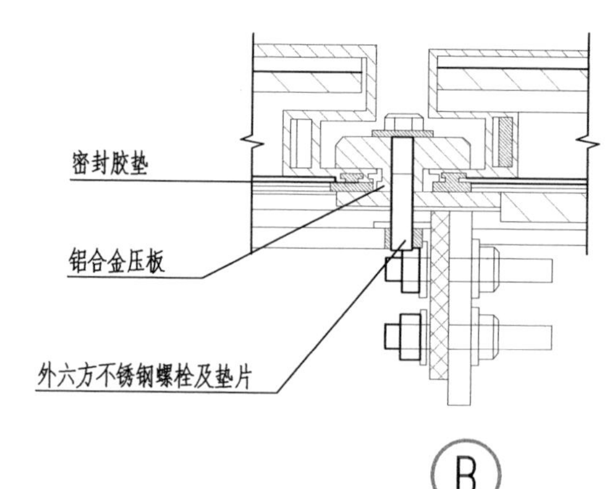


| 屋面光伏采光顶组件节点图（桁架式） | 篇目 | 第二篇 太阳能光伏系统 |
| --- | --- | --- |
| | 页 | 82 |

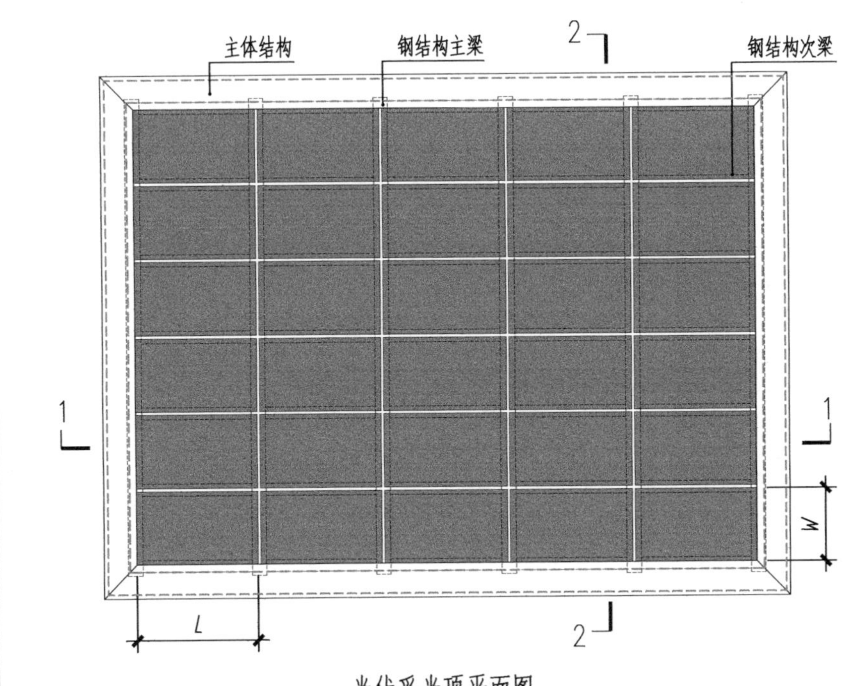

光伏采光顶平面图

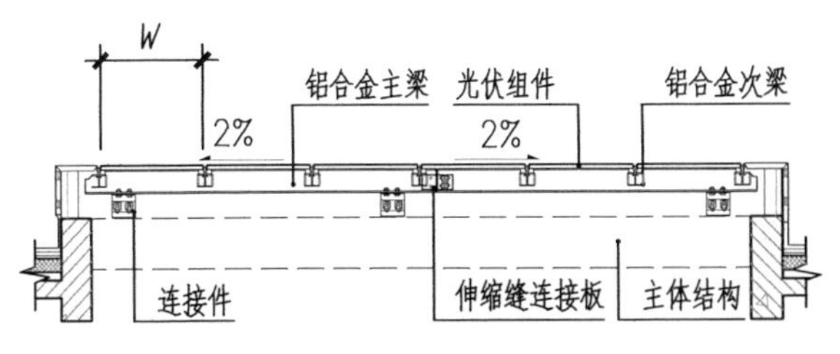


2-2剖面（铝龙骨方案）

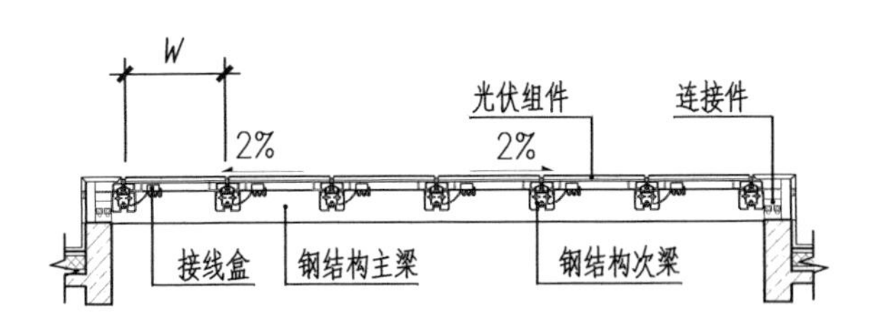


2-2剖面（钢龙骨方案）

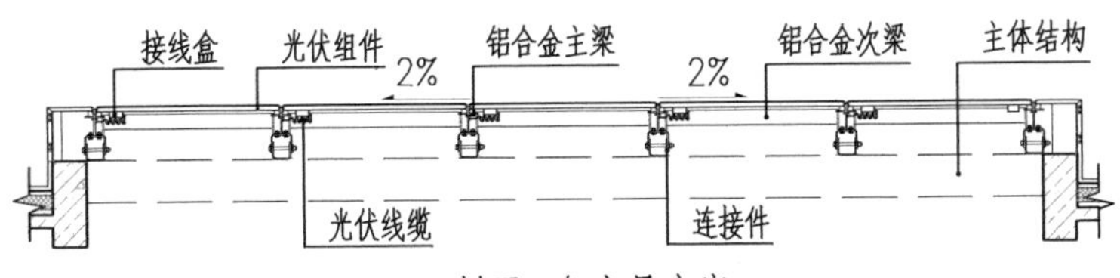


1-1剖面（铝龙骨方案）

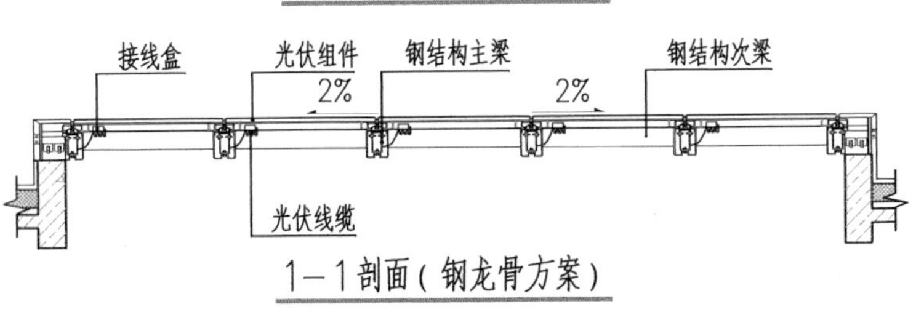


1-1剖面（钢龙骨方案）

注：1. 光伏采光顶具体做法参考个体设计。
2. 图中$L$、$W$为组件尺寸，考虑采光顶的安全及保温性能要求，光伏组件可制作成夹胶玻璃或中空夹胶玻璃，同时需根据建筑采光要求对采光顶上的太阳能光伏组件形式进行进一步设计。
3. 由接线盒接出的线穿铝合金龙骨从中走线。
4. 设计时需解决光伏采光顶的通风散热问题。
5. 平屋面应考虑不小于2%的坡度以解决排水等问题，最好综合建筑效果、合理朝向等因素设计为坡屋面，节点可参考平屋面做法。
6. 预埋件的尺寸需经荷载计算得出。

| 屋面光伏采光顶组件布置图（隐框式） | 篇目 | 第二篇 太阳能光伏系统 |
|---|---|---|
| | 页 | 83 |

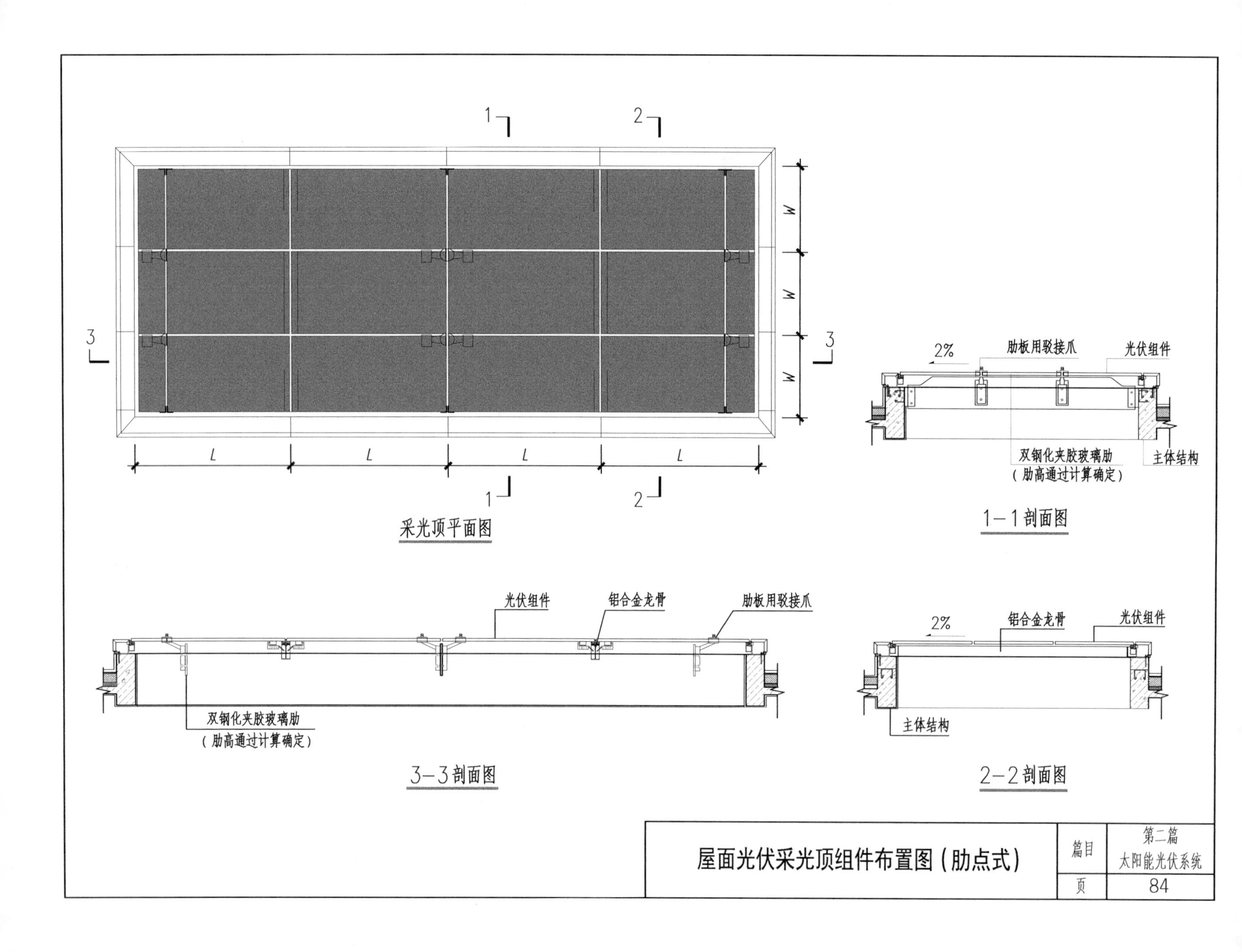

1
2
3
3
W
W
W
L
L
L
L
1
2
采光顶平面图
2%
肋板用驳接爪
光伏组件
双钢化夹胶玻璃肋
（肋高通过计算确定）
主体结构
1—1剖面图
光伏组件
铝合金龙骨
肋板用驳接爪
双钢化夹胶玻璃肋
（肋高通过计算确定）
3—3剖面图
2%
铝合金龙骨
光伏组件
主体结构
2—2剖面图
屋面光伏采光顶组件布置图（肋点式）
篇目
第二篇
太阳能光伏系统
页
84

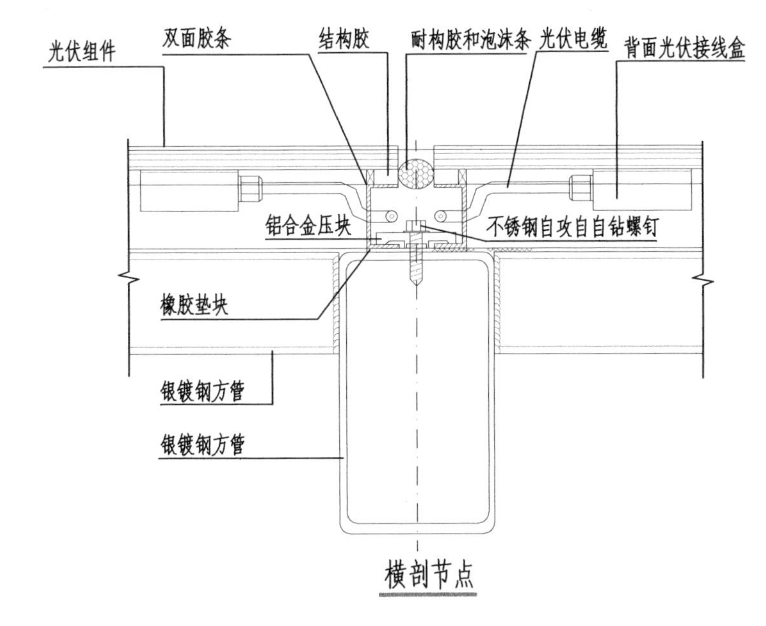


横剖节点

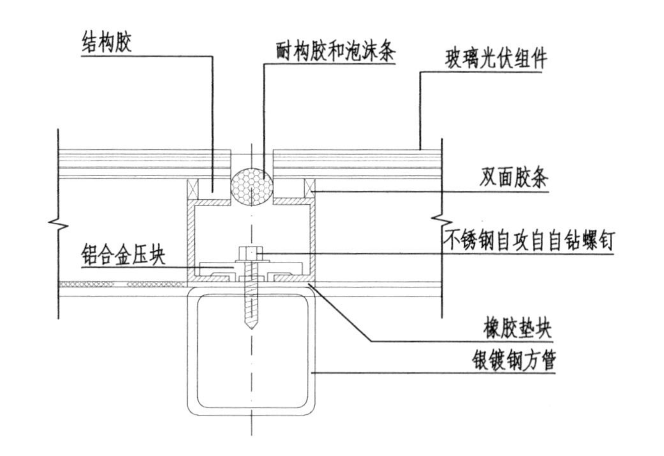


纵剖节点

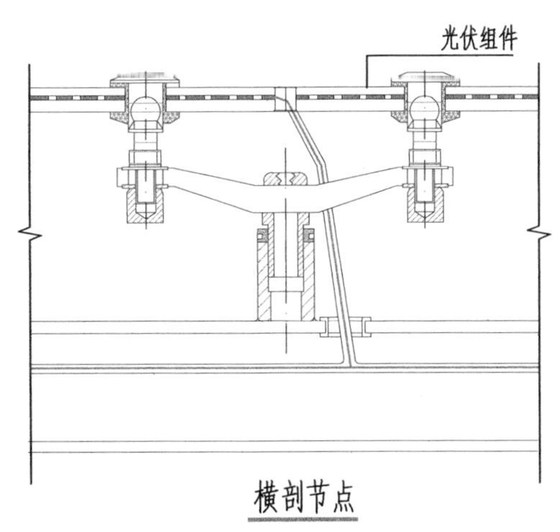


横剖节点

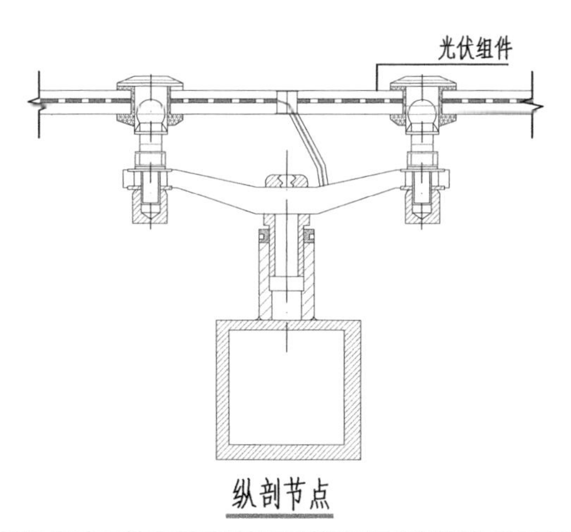


纵剖节点

| 屋面光伏采光顶组件节点图（平面式） | 篇目 | 第二篇 太阳能光伏系统 |
| --- | --- | --- |
| | 页 | 85 |

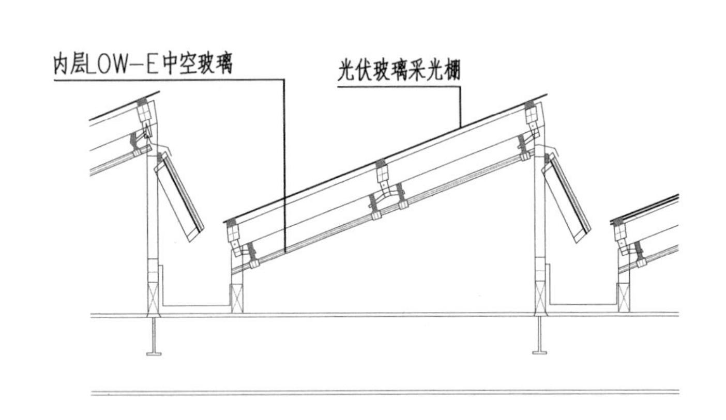


剖面大样图

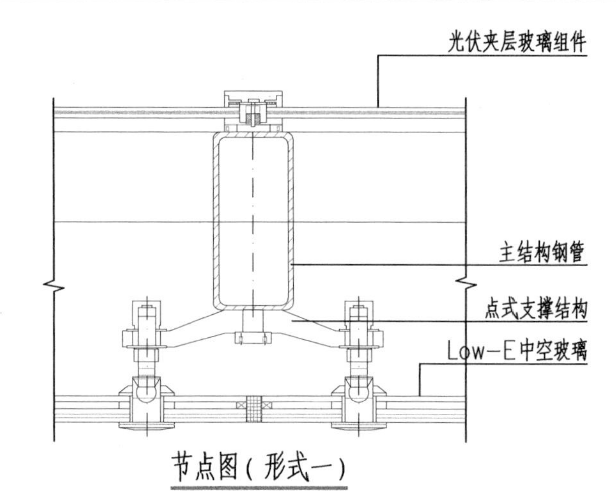


节点图（形式一）

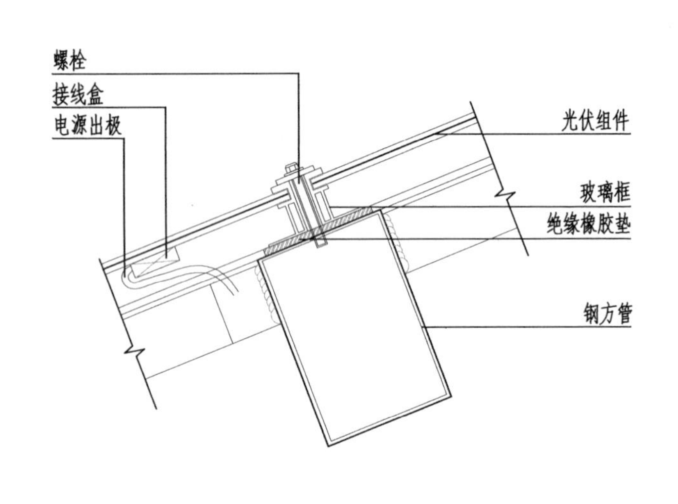


节点图（形式二）

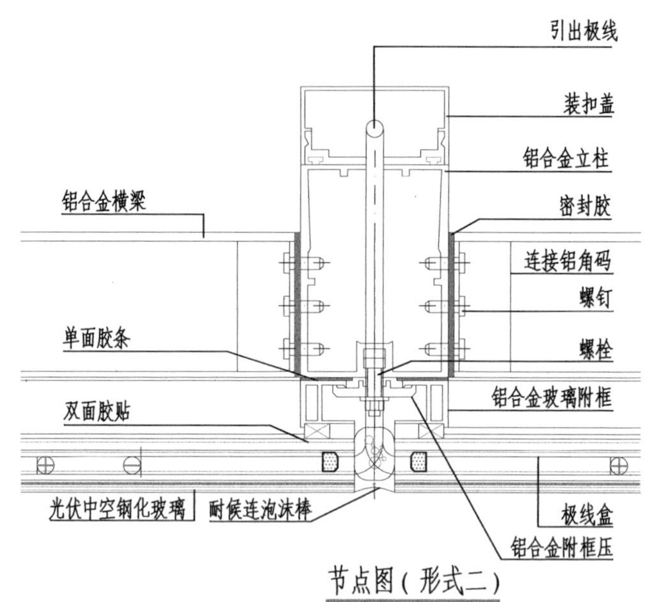


节点图（形式二）

| 屋面光伏采光顶组件节点图（倾角式） | 篇目 | 第二篇<br>太阳能光伏系统 |
| --- | --- | --- |
| | 页 | 86 |

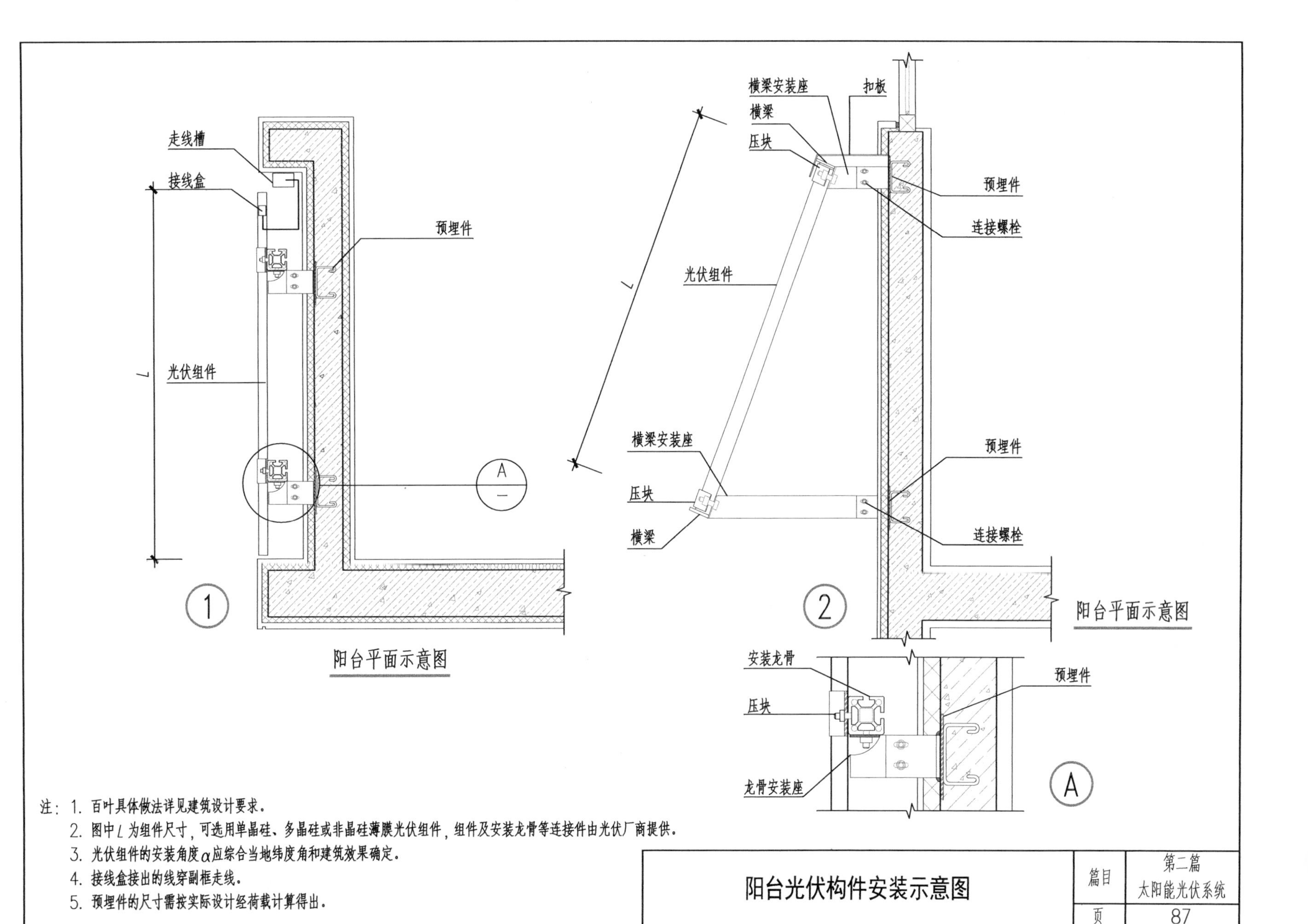
走线槽
接线盒
预埋件
光伏组件
L
A
1
阳台平面示意图
横梁安装座
扣板
横梁
压块
预埋件
连接螺栓
光伏组件
L
横梁安装座
压块
横梁
预埋件
连接螺栓
2
阳台平面示意图
安装龙骨
压块
预埋件
龙骨安装座
A
注：1. 百叶具体做法详见建筑设计要求。
2. 图中L为组件尺寸，可选用单晶硅、多晶硅或非晶硅薄膜光伏组件，组件及安装龙骨等连接件由光伏厂商提供。
3. 光伏组件的安装角度α应综合当地纬度角和建筑效果确定。
4. 接线盒接出的线穿副框走线。
5. 预埋件的尺寸需按实际设计经荷载计算得出。
阳台光伏构件安装示意图
篇目
第二篇
太阳能光伏系统
页
87

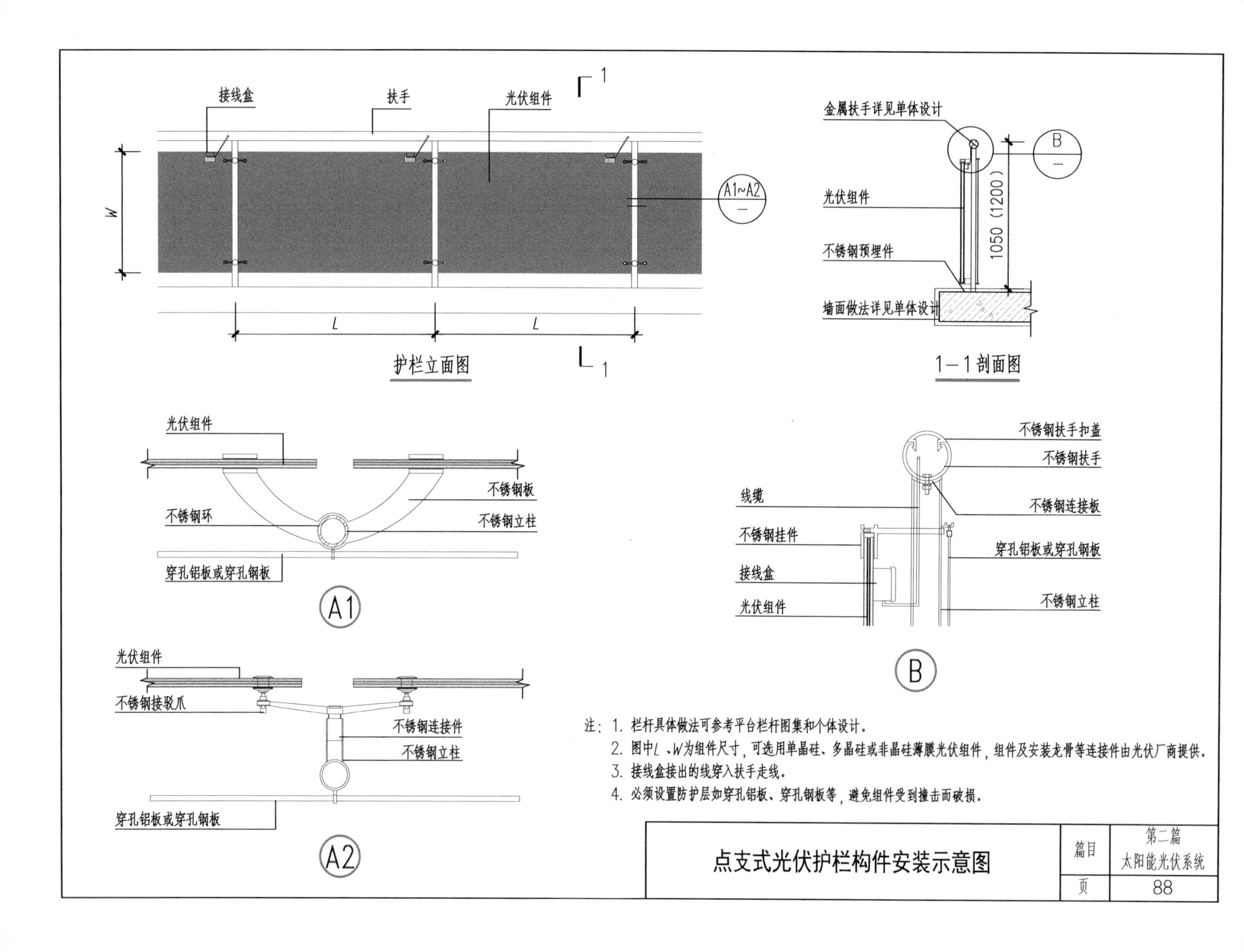

接线盒
扶手
光伏组件
1
W
A1~A2
—
L
L
1
护栏立面图
金属扶手详见单体设计
B
—
光伏组件
1050（1200）
不锈钢预埋件
墙面做法详见单体设计
1—1剖面图
光伏组件
不锈钢板
不锈钢环
不锈钢立柱
穿孔铝板或穿孔钢板
A1
不锈钢扶手扣盖
不锈钢扶手
线缆
不锈钢连接板
不锈钢挂件
穿孔铝板或穿孔钢板
接线盒
光伏组件
不锈钢立柱
B
光伏组件
不锈钢接驳爪
不锈钢连接件
不锈钢立柱
穿孔铝板或穿孔钢板
A2
注：1. 栏杆具体做法可参考平台栏杆图集和个体设计。
2. 图中L、W为组件尺寸，可选用单晶硅、多晶硅或非晶硅薄膜光伏组件，组件及安装龙骨等连接件由光伏厂商提供。
3. 接线盒接出的线穿入扶手走线。
4. 必须设置防护层如穿孔铝板、穿孔钢板等，避免组件受到撞击而破损。
点支式光伏护栏构件安装示意图
篇目
第二篇
太阳能光伏系统
页
88

# 第三篇

# 太阳能热水系统

# 太阳能热水系统设计施工说明

## 1 一般规定

1.1 具有利用太阳能的资源条件的地区，宜优先选择和使用太阳能热水系统。太阳能热水系统设计应纳入建筑工程的统一规划、同步设计、同步施工，与建筑工程同时投入使用。

1.2 太阳能热水系统设计应纳入建筑给水排水设计，并应符合国家现行标准的要求。

1.3 太阳能热水系统不应影响建筑物的使用功能和整体美观。

1.4 太阳能热水系统的管道、配件、蓄热水箱等的材质应与建筑给水管道匹配，并满足建筑给水排水标准的要求。

1.5 对集中供热水系统，严禁采用局部损坏会导致系统整体失效的太阳能集热器形式。

1.6 太阳能热水系统的管道及贮热水箱等应采取必要的保温、防冻措施，保温应符合《设备及管道绝热设计导则》GB/T 8175—2008 的规定，可选用岩棉管壳、橡塑等材料，其保温厚度应由设计人员计算确定。

1.7 太阳能热水系统宜配置辅助能源加热装置。

1.8 太阳能热水不应直接饮用。

1.9 太阳能集热器可设置在屋面、墙面、阳台以及凸窗间。设置在屋面的太阳能集热器可以通过支架或坡屋面达到接受阳光的最佳倾角，并可使太阳能集热器的设计面积达到最小；设置在墙面以及阳台的太阳能集热器应适当增加设计面积。本图集主要介绍太阳能集热器在平屋面、坡屋面和阳台的布置情况。

## 2 技术要求

2.1 太阳能集热系统的热性能应满足相关太阳能产品的国家现行标准和设计要求，系统中的集热器、贮热水箱和支架等主要部件的正常使用寿命均不应少于 10 年。

2.2 太阳能热水系统应安全可靠，内置的辅助能源加热装置必须带有安全装置。

2.3 太阳能热水系统应采取防冻、防结露、防过热、防渗漏、防雷、抗雹、抗风、抗震等技术措施，其相关技术措施应由设计人员进行复核计算。

2.4 太阳能热水系统设计的供水水温、水压、水质和热水用水定额，应符合《建筑给水排水设计标准》GB 50015—2019 的相关规定。

2.5 当太阳能集热器的安装倾角为当地纬度时，其采光面上的年平均日太阳辐照量为 12 220 kJ/m$^2$。

2.6 系统应遵循节水节能、经济实用、安全便捷、便于计量的原则，并结合建筑形式、辅助能源种类和热水需求现状等条件进行设计。

## 3 系统设计与施工

3.1 集热器设计与施工

3.1.1 太阳能作为产生热水的主要热源系统设计时，集热器面积应根据最高日用水量和太阳能保证率的取值来确定计算。

以太阳能热水系统作为主要热源的项目，可通过静态计算确定太阳能保证率。居住建筑所选用的太阳能保证率不应低于45%，带食堂的办公类建筑所选用的太阳能保证率不应低于35%，宾馆、医院、游泳池所选用的太阳能保证率不应低于25%。

3.1.2 公共建筑、别墅、养老院、宿舍和多层住宅建筑，应优先选择将集热器布置在屋面。高层建筑和部分多层建筑，可选择将集热器布置在阳台或墙面。

3.1.3 当在阳台或墙面安装集热器时，应通过计算、模拟等手段，在可调节范围内选择其最佳安装倾角。

3.1.4 设计时应进行集热器采光条件分析，以避免建筑立面凹凸造型对集热器产生遮挡。

3.1.5 低层住户的集热器安装应避免被遮挡。

3.1.6 太阳能集热器与屋面、墙面、上下凸窗之间和阳台栏板进行一体化设计时，应与建筑整体有机结合，保持建筑统一和谐的外观。在建筑坡屋面上安装的集热器宜选择平板式，阳台壁挂式太阳能热水器宜选择真空管式。

3.1.7 若使用平板集热器，进水处应安装除垢装置。

3.1.8 集热器应可通过定期清理以排除水垢。

3.1.9 集热器若设置在难以清洗的位置，应安装清洗接头。

3.1.10 集热器可利用雨水对其表面的冲刷作用以防止灰尘沉积。

3.1.11 太阳能集热器之间可采用串联、并联和串并联组合连接方式，具体连接方式应在对所采用产品的规格型号、系统集热效率以及管路阻力等因素进行综合考虑后确定。

1）对自然循环系统，集热器组中的集热器连接宜采用并联方式；对强制循环系统，集热器组中的集热器宜采用并联或串并联连接方式。

2）平板集热器每排并联数量不宜超过16个；全玻璃真空管东西向放置的集热器，在同一斜面上多层布置时，串联的集热器不宜超过3个（每个集热器联箱长度不大于2 m）；自然循环系统，每个系统全部集热器的数量不宜超过24个。

3.1.12 集热器总面积计算以及面积修正方法参照《民用建筑太阳能热水系统应用技术标准》GB 50364—2018。

3.1.13 太阳能集热器安装在高层建筑的屋面、外墙面、阳台及凸窗间时，应采取抗风、抗震等技术措施。

3.1.14 当太阳能集热器设置在屋面时，不应跨越建筑变形缝设置；集热器支架应与屋面预埋件固定牢固，并应在构件穿防水层处用密封膏封严；集热器周围屋面、检修通道、屋面出入口和集热器之间的人行通道上部应铺设保护层；太阳能集热器的安装工作不得降低其所在屋面的保温、隔热、防水等功能。

3.1.15　当太阳能集热器设置在墙面时，集热器支架应与墙面预埋件连接牢固，必要时应在预埋件处增设混凝土构件或构造柱；管线需穿外墙时，应在墙面预埋防水套管，防水套管不宜设在结构梁或柱处；轻质填充墙不应作为太阳能集热器的支撑结构。

3.1.16　当太阳能集热器设置在阳台时，设在阳台板上的集热器支架应与阳台栏板上的预埋件连接牢固；由太阳能集热器构成的阳台栏板，应满足其刚度、强度及防护功能要求。

## 3.2　贮热水箱设计与施工

3.2.1　应在集热器面积计算的基础上，进一步依次计算出水箱容积、水泵流量和扬程；确定辅助加热形式时，可根据建筑供能特点，从电、燃气、空气源热泵或地源热泵等几种辅助热源中经技术经济比较后确定。当采用直接加热的电热管作为辅助热源时，其安装应符合《建筑电气工程施工质量验收规范》GB 50303—2015 的相关要求，电加热器设计应采取必要的安全保护措施。

3.2.2　集中供热水系统的贮热水箱容积，应根据日用热水小时变化曲线及太阳能集热系统的供热能力和运行规律，以及常规能源辅助加热装置的工作制度、加热特性和自动温度控制装置等因素，按积分曲线计算确定；当资料不足时，可按经验取集热器总面积（以 $m^2$ 为单位）的 60 倍作为贮热水箱的容积（以 L 为单位）。

表 3.2.2　各地区单位面积集热器所对应的贮热水箱容积推荐值（$L/m^2$）

| 地区 | 屋面一体式系统（集热器倾角为 40°～50°） | 阳台壁挂式系统（集热器倾角为 90°） | 集中式系统（集中集热，分户辅热；集热器倾角为当地纬度角） |
|---|---|---|---|
| 沈阳 | 80~90 | 90~100 | 100~120 |
| 北京 | 80~90 | 80~90 | 110~130 |
| 上海 | 80~90 | 70~80 | 90~110 |
| 广州 | 90~100 | 60~70 | 70~90 |

3.2.3　当项目有夏季防过热需求时，贮热水箱宜设置容积可调节设施，通过冬、夏季水箱容积的切换来防止过热。

1）一体式和阳台壁挂分体式热水系统适宜采用的防过热措施见表 3.2.3–1。

表 3.2.3–1　一体式和阳台壁挂分体式系统适宜采用的防过热措施

| 系统类型 | 集热器类型 | 循环管路加装防过热阀 | 采用带有感温膜层的集热器 | 贮热水箱设泄压装置并做好安全措施 | 泵站电控系统 |
|---|---|---|---|---|---|
| 一体式 | 平板型 | √ | √ | √ | — |
| | 全玻璃真空管型 | × | √ | √ | |
| | 热管型 | × | √ | √ | |
| 阳台壁挂分体式 | 平板型 | × | √ | 仅可用于贮热水箱置于室外的系统类型 | √ |
| | 全玻璃真空管型 | × | √ | | √ |
| | 热管型 | × | √ | | √ |
| | 内插金属U形管型 | × | √ | | √ |
| √：可采取措施；×：不可采取措施；—：无此项 | | | | | |

2）对于集中式热水系统，在条件允许的情况下，可外接散热设备，外接散热设备的容量参考表3.2.3–2。

表3.2.3–2　外接散热设备容量推荐表

| 地区 | 沈阳 | 北京 | 上海 | 广州 |
|---|---|---|---|---|
| 最高累计周辐照量（MJ） | 166.83 | 167.29 | 145.88 | 150.81 |
| 单位面积集热器所对应的散热设备容量（$kW/m^2$） | 0.28 | 0.28 | 0.24 | 0.25 |

3.2.4　设计时注意确定贮热水箱的位置、系统的循环方式、管线的走向，防止因管线过长而导致热损失增多。贮热水箱的位置应结合集热器和用水点位置进行选择：

1）当集热器布置在屋顶时，水箱可结合建筑性质选择多种布置方式。对于公共建筑、养老院、宿舍这类具有平屋面的建筑，可将水箱放置在屋顶，靠近集热器布置，以减少循环管线的长度；对于别墅等具有坡屋面特性的建筑，可利用阁楼空间放置水箱；多层住宅具备分户储热条件时，水箱也可分别放置在各户的阳台上；有地下室空间可以利用的建筑，可将水箱布置在地下室，但应尽量避免由此导致的管线过长问题。

2）当集热器布置在阳台时，水箱宜就近布置在阳台，形式可采用立式或壁挂式。

3.2.5　贮热水箱应尽量避免放置在密闭空间，当不得不放置在密闭空间时，应采取必要的通风措施，并结合消防设计，以防排汽对消防监控产生不利影响。

3.2.6　贮热水箱应避免占用较多的用户空间。

3.2.7　贮热水箱保温作业应在检漏试验合格后进行。水箱保温应符合《工业设备及管道绝热工程施工质量验收标准》GB/T 50185—2019的要求。

3.2.8　太阳能热水系统宜采用上水防爆管保护措施。

3.2.9　贮热水箱的本体材料和表面材料不得影响系统水质；闭式贮热水箱应满足承压要求，并应设置进出水管、自动补水装置、安全阀以及水温指示装置；开式贮热水箱应设置进出水管、补水管、溢流管、泄水管、通气管、水位控制以及水温指示装置。

3.2.10　贮热水箱的进出水管路布置，不应产生气阻；贮热水箱与建筑墙面或其他箱壁之间的净距，应满足施工或装配的需要；对设有人孔的箱顶，顶板面与上部建筑本体的净空不应小于0.8 m；贮热水箱有内置辅助加热元件时，箱体宜采用竖向细高形式。

3.2.11　设置贮热水箱的室内地面应做防水，并设置地漏等排水设施。

## 3.3　管线设计与施工

3.3.1　集热循环管、供水管、回水管等管道及其配件均应进行保温。

3.3.2　应注意管道走线，避免其裸露在建筑外部。

3.3.3　集热循环管和热水供应管道上均应有必要的补偿管道热胀冷缩的措施。

3.3.4　管道不宜跨越建筑伸缩缝、沉降缝、抗震缝等变形缝；当必须跨越时，应设置变形补偿装置。

3.3.5　集热循环系统管路应设计为同程式；当集热器组为多排或多层组合时，每排或每层集热器的总进出水管上均应设置阀门。

3.3.6　集热循环管的横管敷设时，应有不小于0.3%的坡度。坡向应便于排除气体，在管路最高点应设自动排气阀。

3.3.7　闭式集热循环系统应设置膨胀罐、压力安全阀和压力表；集热循环管路应选用耐腐蚀和连接方式方便可靠的管材，宜采用薄壁铜管、薄壁不锈钢管。

3.3.8　管线需穿屋面时，应在屋面预埋防水套管，并在其与屋面相接处进行防水密封处理，防水套管应在屋面防水层施工前埋设完毕。

3.3.9　热水管路的设计应符合《建筑给水排水设计规范》GB 50015—2019和《太阳能热水系统设计、安装及工程验收技术规范》GB/T 18713—2002的相关规定。

3.4　控制系统设计

3.4.1　办公和宿舍建筑的热水用水时间比较集中，宜采用辅助加热热源定时自动启动的方式；大多数住宅建筑可选择手动开启方式，以灵活适应各用户的需求；宾馆、医院和游泳馆类建筑要求热水系统不间断供应，则应选择全日自动启动系统。

3.4.2　系统所采用的冷、热水表宜具有累计流量和计量数据输出远传功能，应优先选用具有RS-485标准串行接口或M-BUS电气接口的水表。

3.4.3　辅助热源用电、用气量及辅助加热的热泵系统所提供的热量均应进行计量。有收费要求的太阳能热水系统还应在供水末端安装热量表。

3.4.4　集中式太阳能热水系统及集中－分散式太阳能热水系统应设置防过热措施，防过热温度宜设置为（80±5）℃。若上述系统采用开式水箱，则防过热温度宜设置为（75±5）℃。

3.4.5　太阳能热水系统宜安装过热报警系统，但报警系统的灵敏度和安装位置的设置应合理，以免对用户和居民造成干扰。

3.4.6　在太阳能热水系统的安装位置宜安装气象监控装置。

3.4.7　当采用分散式太阳能热水系统时，应在各用户处设置操作灵活的控制面板，控制面板应具备启停时间、温度、水位调节功能，宜有用水量、实时温度、用热量等的显示功能。

3.4.8　集热循环系统中若采用强制循环，宜采用温差控制；太阳能集热器用温度传感器应能承受250℃，其精度为±1℃；贮热水箱用温度传感器应能承受100℃，其精度为±1℃；热水供应系统的循环水泵在非热水供应时段应能自动关闭。

3.4.9　太阳能热水系统防冻措施按优先顺序排列有以下几种方式：采用自动控制系统实现防冻循环；采用集热循环系统存水自动排空措施；采用防冻液作为集热器的传热工质的间接加热方式。

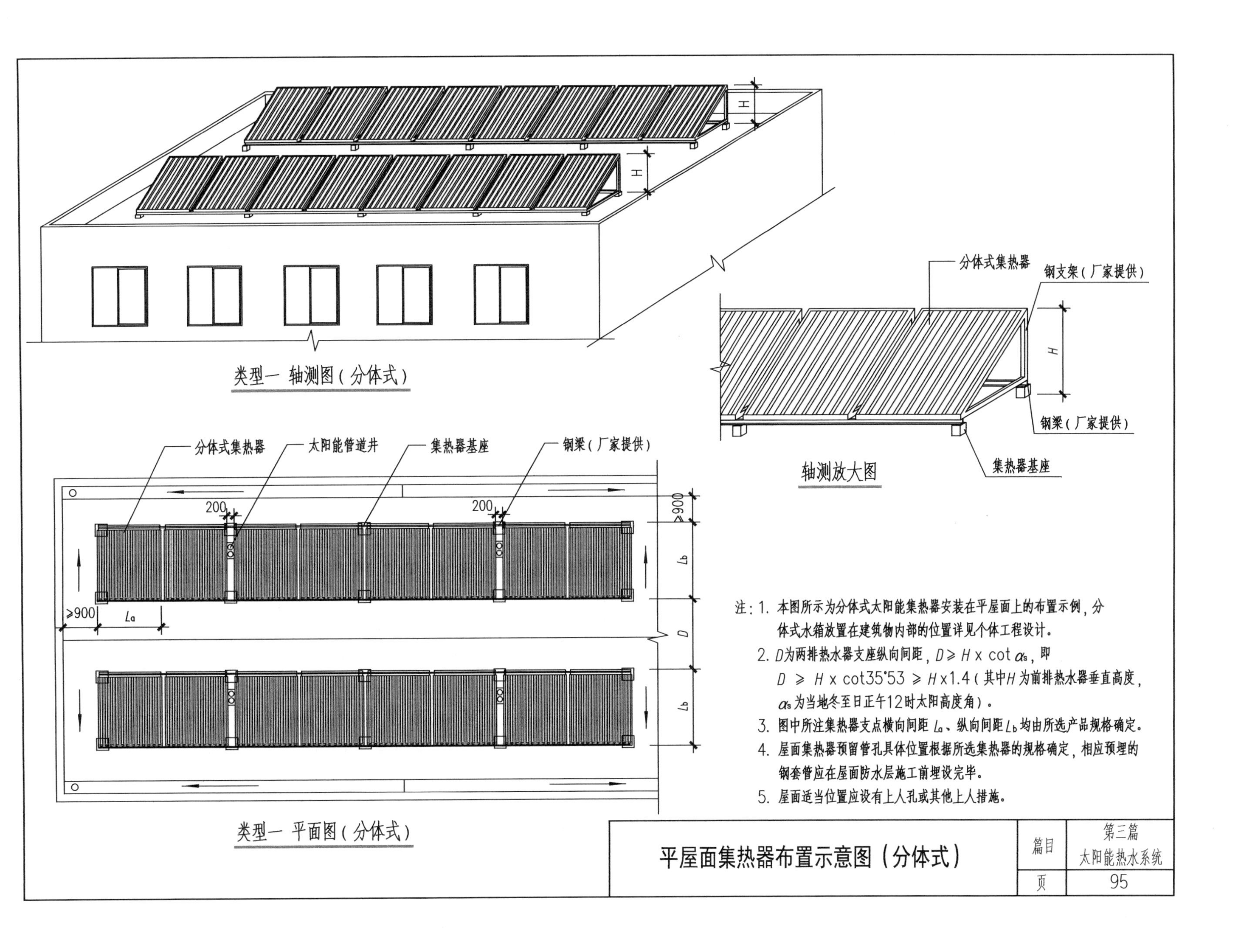


注：1. 本图所示为分体式太阳能集热器安装在平屋面上的布置示例，分体式水箱放置在建筑物内部的位置详见个体工程设计。

2. $D$为两排热水器支座纵向间距，$D \geqslant H \times \cot \alpha_s$，即 $D \geqslant H \times \cot 35°53 \geqslant H \times 1.4$（其中$H$为前排热水器垂直高度，$\alpha_s$为当地冬至日正午12时太阳高度角）。

3. 图中所注集热器支点横向间距 $L_a$、纵向间距 $L_b$ 均由所选产品规格确定。

4. 屋面集热器预留管孔具体位置根据所选集热器的规格确定，相应预埋的钢套管应在屋面防水层施工前埋设完毕。

5. 屋面适当位置应设有上人孔或其他上人措施。

| 平屋面集热器布置示意图（分体式） | 篇目 | 第三篇 太阳能热水系统 |
| --- | --- | --- |
| | 页 | 95 |

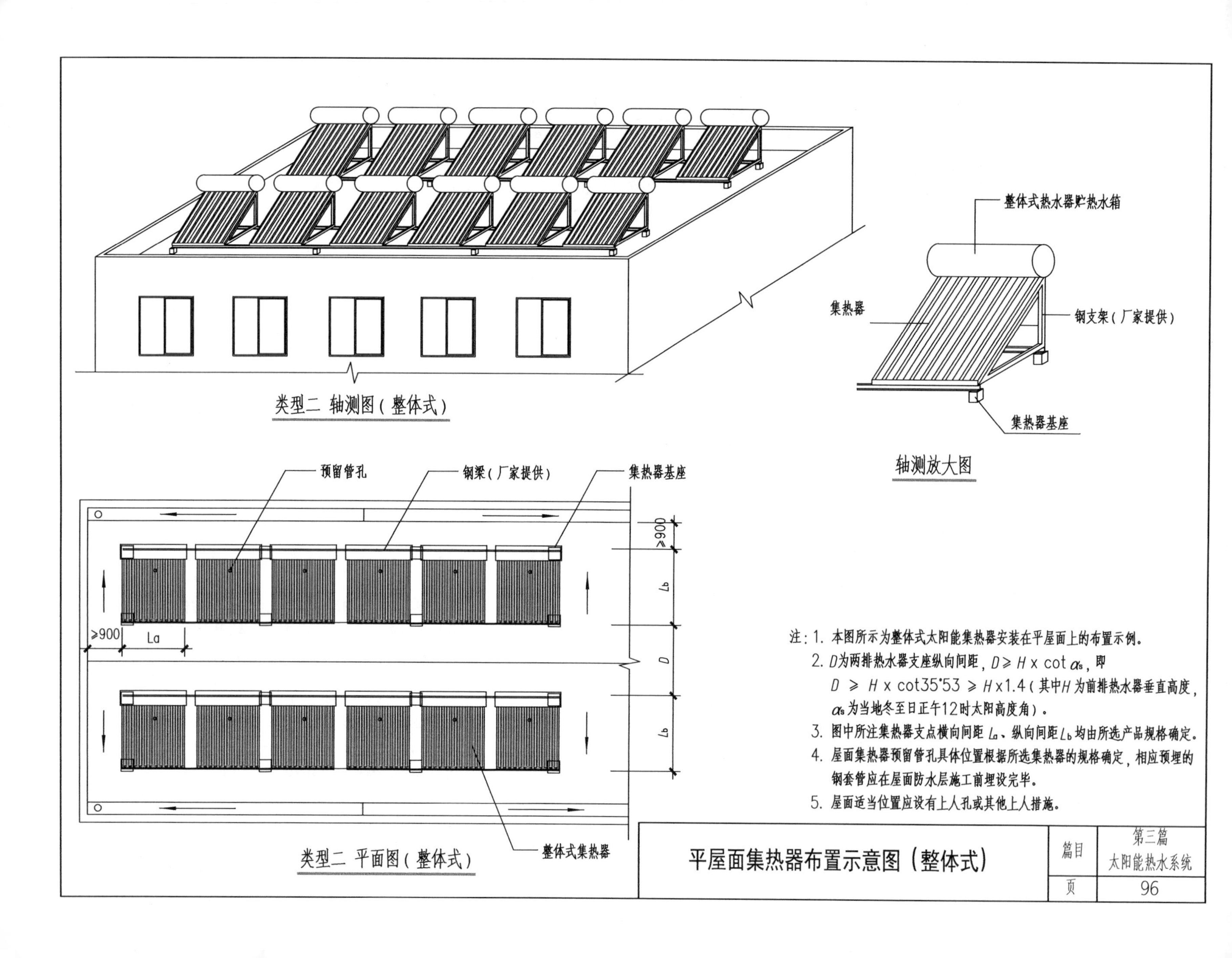


注：1. 本图所示为整体式太阳能集热器安装在平屋面上的布置示例。

2. $D$为两排热水器支座纵向间距，$D \geqslant H \times \cot \alpha_s$，即 $D \geqslant H \times \cot 35°53 \geqslant H \times 1.4$（其中$H$为前排热水器垂直高度，$\alpha_s$为当地冬至日正午12时太阳高度角）。

3. 图中所注集热器支点横向间距 $L_a$、纵向间距$L_b$均由所选产品规格确定。

4. 屋面集热器预留管孔具体位置根据所选集热器的规格确定，相应预埋的钢套管应在屋面防水层施工前埋设完毕。

5. 屋面适当位置应设有上人孔或其他上人措施。

| 平屋面集热器布置示意图（整体式） | 篇目 | 第三篇 太阳能热水系统 |
| --- | --- | --- |
| | 页 | 96 |

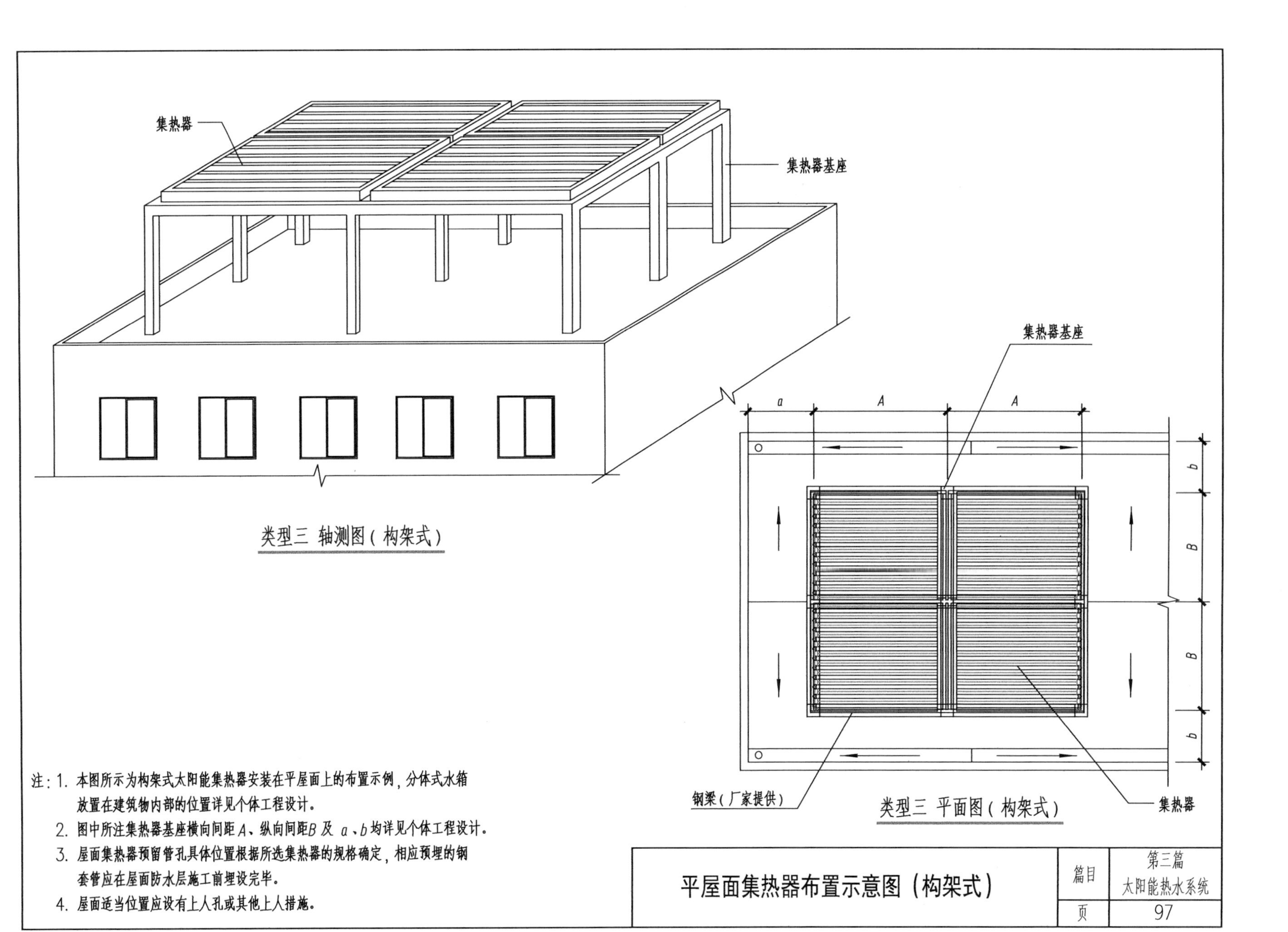


类型三 轴测图（构架式）

类型三 平面图（构架式）

注：1. 本图所示为构架式太阳能集热器安装在平屋面上的布置示例，分体式水箱放置在建筑物内部的位置详见个体工程设计。

2. 图中所注集热器基座横向间距$A$、纵向间距$B$及$a$、$b$均详见个体工程设计。

3. 屋面集热器预留管孔具体位置根据所选集热器的规格确定，相应预埋的钢套管应在屋面防水层施工前埋设完毕。

4. 屋面适当位置应设有上人孔或其他上人措施。

| 平屋面集热器布置示意图（构架式） | 篇目 | 第三篇 太阳能热水系统 |
| --- | --- | --- |
| | 页 | 97 |

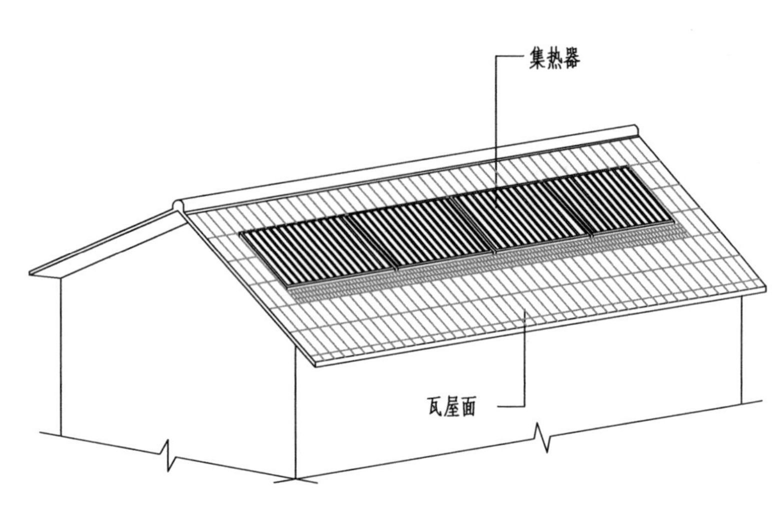

类型一 轴测图(上嵌入式)

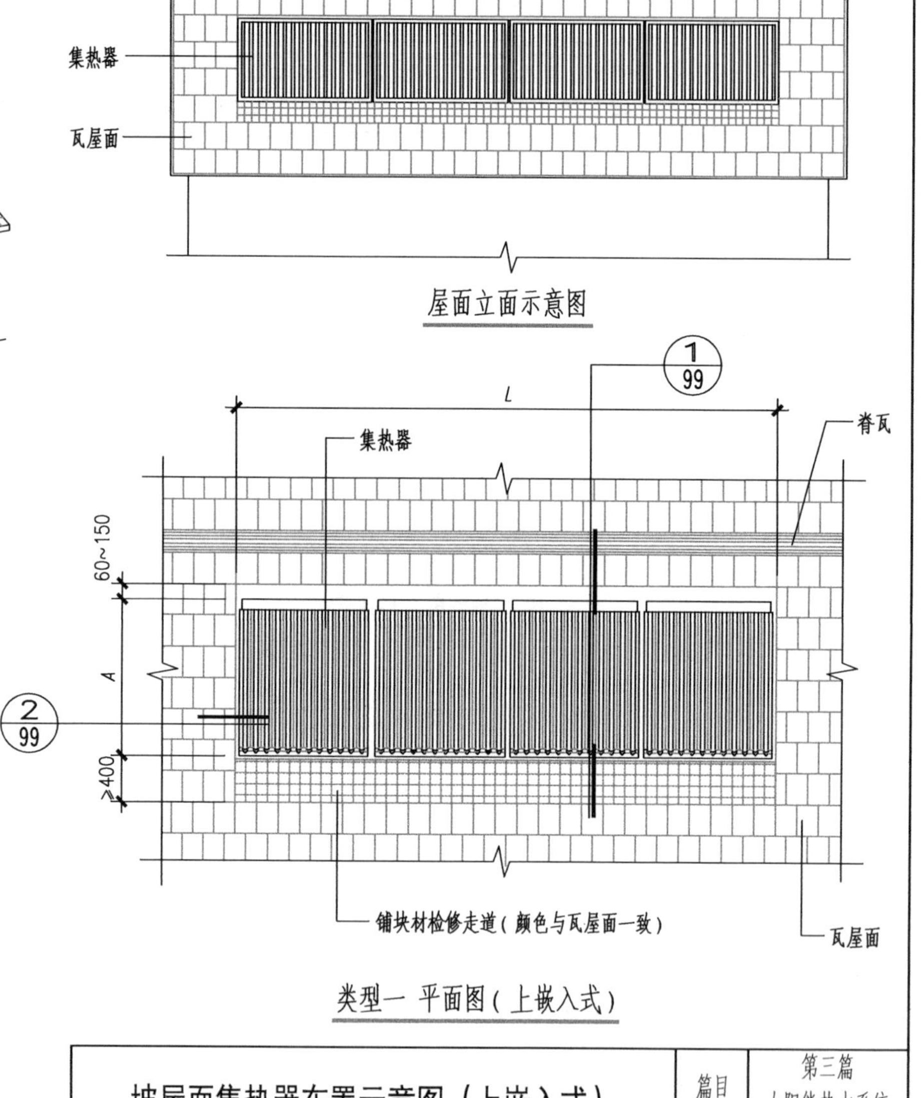

类型一 平面图(上嵌入式)

注:1. 本图所示为集热器安装在坡屋面上部(靠近屋脊)。分体式水箱放置在建筑物内部,位置详见个体工程设计。

2. 坡屋面坡度的选择详见总说明。

3. 图中所注集热器宽度$A$、长度$L$均由所选产品规格确定。

4. 屋面集热器预留管孔具体位置根据所选集热器的规格确定,相应预埋的钢套管应在屋面防水层施工前埋设完毕。

5. 屋面适当位置应设有上人孔或其他上人措施;屋面适当位置应埋设金属挂钩。

| 坡屋面集热器布置示意图(上嵌入式) | 篇目 | 第三篇 太阳能热水系统 |
|---|---|---|
| | 页 | 98 |

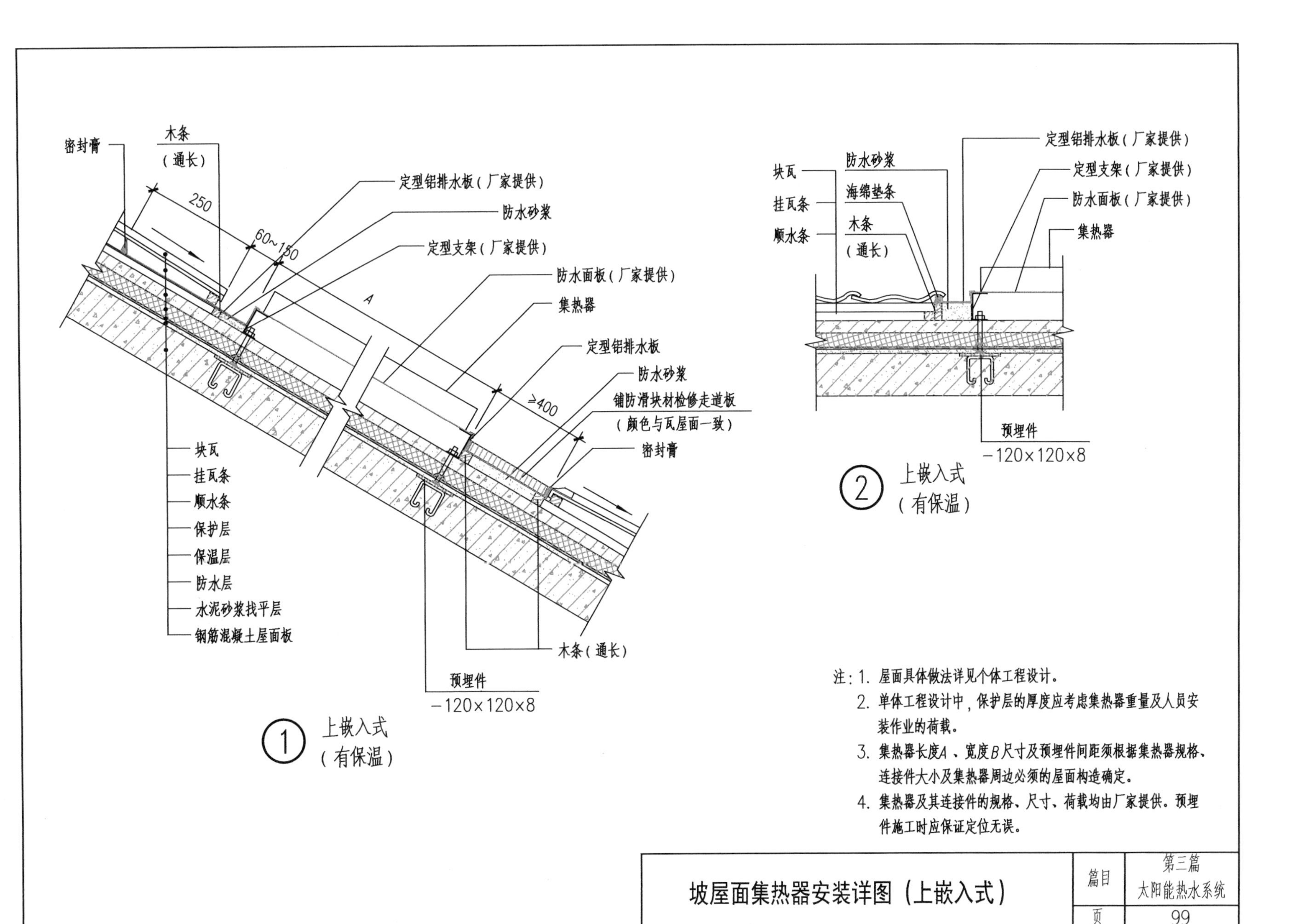


注：1. 屋面具体做法详见个体工程设计。
2. 单体工程设计中，保护层的厚度应考虑集热器重量及人员安装作业的荷载。
3. 集热器长度$A$ 、宽度$B$尺寸及预埋件间距须根据集热器规格、连接件大小及集热器周边必须的屋面构造确定。
4. 集热器及其连接件的规格、尺寸、荷载均由厂家提供。预埋件施工时应保证定位无误。

## 坡屋面集热器安装详图（上嵌入式）

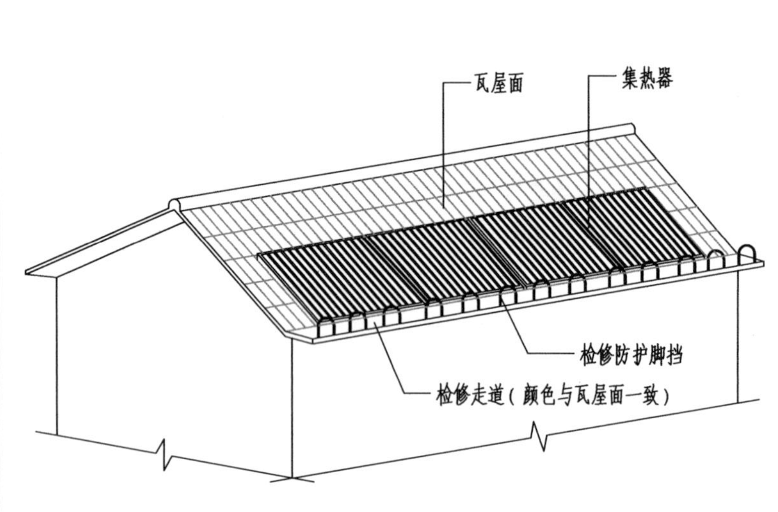


类型二 轴测图(下嵌入式)

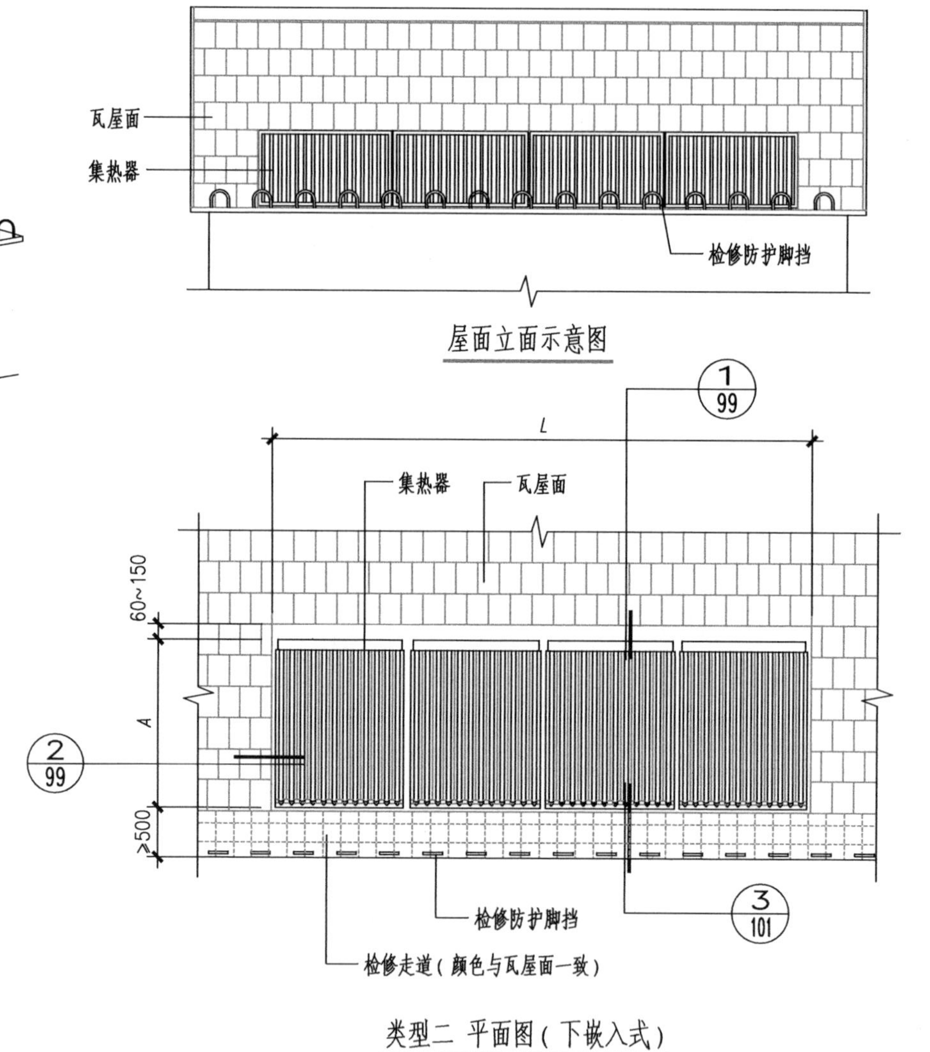


类型二 平面图(下嵌入式)

注:1. 本图所示为集热器安装在坡屋面下部(临近挑檐)。分体式水箱放置在建筑物内部,位置详见个体工程设计。
2. 坡屋面坡度的选择详见设计施工说明。
3. 图中所注集热器宽度A、长度L均由所选产品规格确定。
4. 屋面集热器预留管孔具体位置根据所选集热器的规格确定,相应预埋的钢套管应在屋面防水层施工前埋设完毕。
5. 屋面适当位置应设有上人孔或其他上人措施;屋面适当位置应埋设金属挂钩。

| 坡屋面集热器布置示意图(下嵌入式) | 篇目 | 第三篇 太阳能热水系统 |
|---|---|---|
| | 页 | 100 |

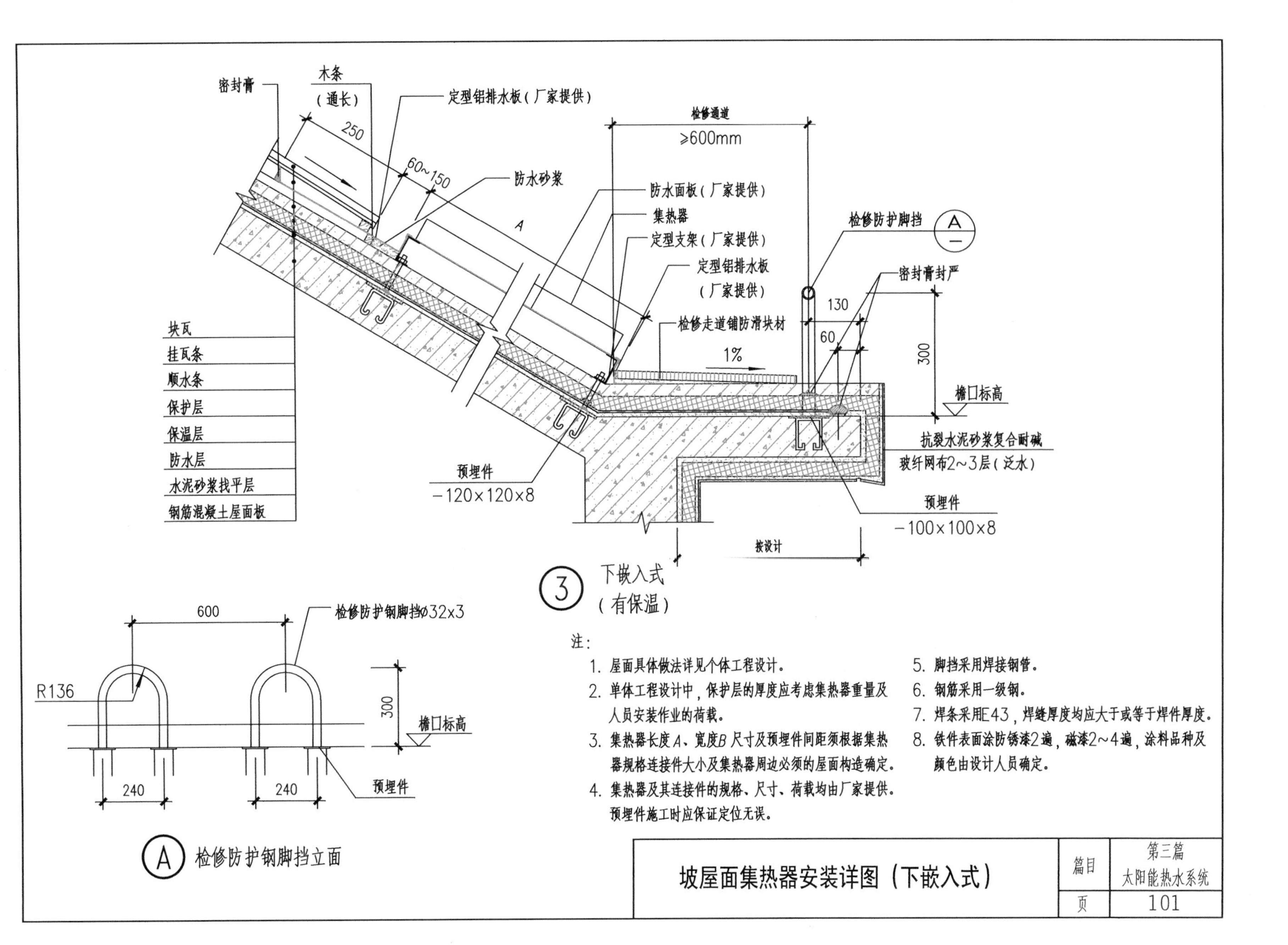
密封膏
木条
（通长）
定型铝排水板（厂家提供）
250
60~150
防水砂浆
A
检修通道
≥600mm
防水面板（厂家提供）
集热器
定型支架（厂家提供）
定型铝排水板
（厂家提供）
检修防护脚挡
A
—
密封膏封严
130
60
300
检修走道铺防滑块材
1%
檐口标高
块瓦
挂瓦条
顺水条
保护层
保温层
防水层
水泥砂浆找平层
钢筋混凝土屋面板
预埋件
−120×120×8
抗裂水泥砂浆复合耐碱
玻纤网布2~3层（泛水）
预埋件
−100×100×8
按设计
3
下嵌入式
（有保温）
600
检修防护钢脚挡ø32x3
R136
300
檐口标高
240
240
预埋件
A
检修防护钢脚挡立面
注：
1. 屋面具体做法详见个体工程设计。
2. 单体工程设计中，保护层的厚度应考虑集热器重量及人员安装作业的荷载。
3. 集热器长度A、宽度B尺寸及预埋件间距须根据集热器规格连接件大小及集热器周边必须的屋面构造确定。
4. 集热器及其连接件的规格、尺寸、荷载均由厂家提供。预埋件施工时应保证定位无误。
5. 脚挡采用焊接钢管。
6. 钢筋采用一级钢。
7. 焊条采用E43，焊缝厚度均应大于或等于焊件厚度。
8. 铁件表面涂防锈漆2遍，磁漆2~4遍，涂料品种及颜色由设计人员确定。
坡屋面集热器安装详图（下嵌入式）
篇目
第三篇
太阳能热水系统
页
101

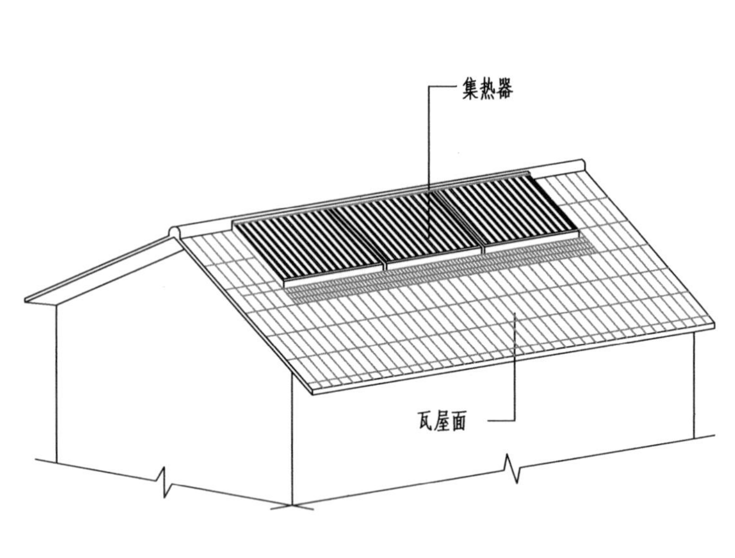

类型三 轴测图（镶贴式）

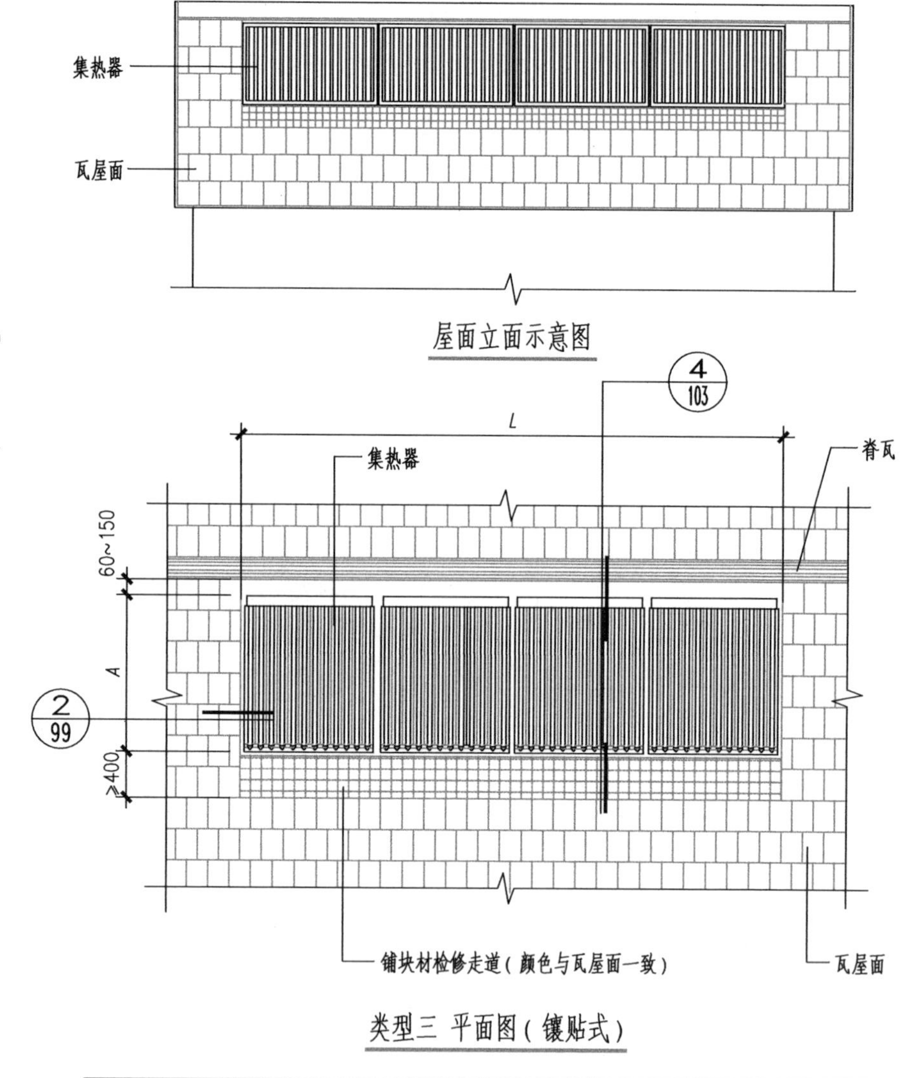


类型三 平面图（镶贴式）

注：1. 本图所示为集热器安装在坡屋面上部。分体式水箱放置在建筑物内部，位置详见个体工程设计。

2. 坡屋面坡度的选择详见设计施工说明。

3. 图中所注集热器宽度$A$、长度$L$均由所选产品规格确定。

4. 屋面集热器预留管孔具体位置根据所选集热器的规格确定，相应预埋的钢套管应在屋面防水层施工前埋设完毕。

5. 屋面适当位置应设有上人孔或其他上人措施；屋面适当位置应埋设金属挂钩。

| 坡屋面集热器布置示意图（镶贴式） | 篇目 | 第三篇 太阳能热水系统 |
| --- | --- | --- |
| | 页 | 102 |

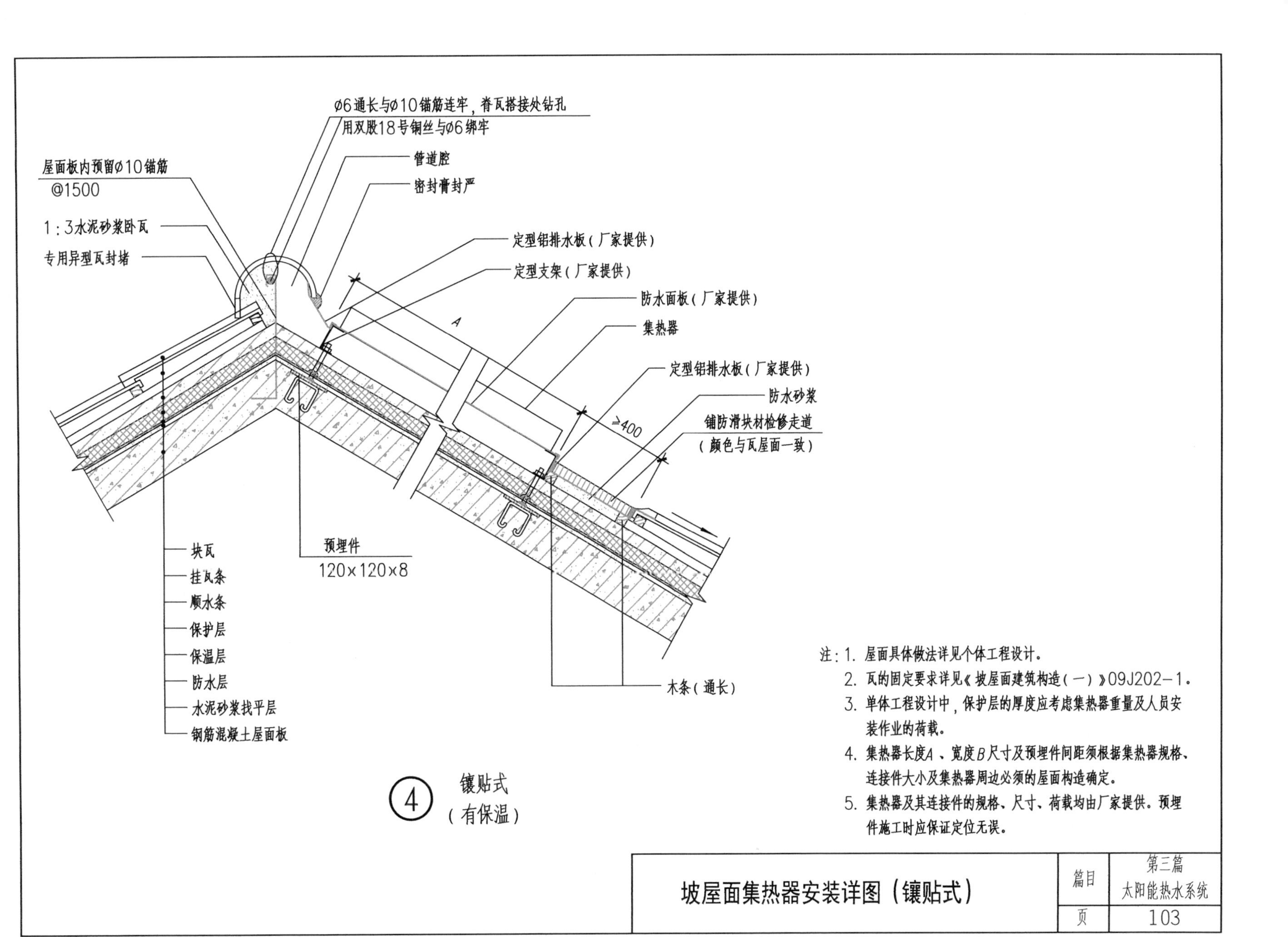
ø6通长与ø10锚筋连牢，脊瓦搭接处钻孔
用双股18号铜丝与ø6绑牢
屋面板内预留ø10锚筋
@1500
管道腔
密封膏封严
1:3水泥砂浆卧瓦
专用异型瓦封堵
定型铝排水板（厂家提供）
定型支架（厂家提供）
A
防水面板（厂家提供）
集热器
定型铝排水板（厂家提供）
防水砂浆
≥400
铺防滑块材检修走道
（颜色与瓦屋面一致）
块瓦
挂瓦条
顺水条
保护层
保温层
防水层
水泥砂浆找平层
钢筋混凝土屋面板
预埋件
120×120×8
木条（通长）
4
镶贴式
（有保温）
注：1. 屋面具体做法详见个体工程设计。
2. 瓦的固定要求详见《坡屋面建筑构造（一）》09J202-1。
3. 单体工程设计中，保护层的厚度应考虑集热器重量及人员安装作业的荷载。
4. 集热器长度A、宽度B尺寸及预埋件间距须根据集热器规格、连接件大小及集热器周边必须的屋面构造确定。
5. 集热器及其连接件的规格、尺寸、荷载均由厂家提供。预埋件施工时应保证定位无误。
坡屋面集热器安装详图（镶贴式）
篇目
第三篇
太阳能热水系统
页
103

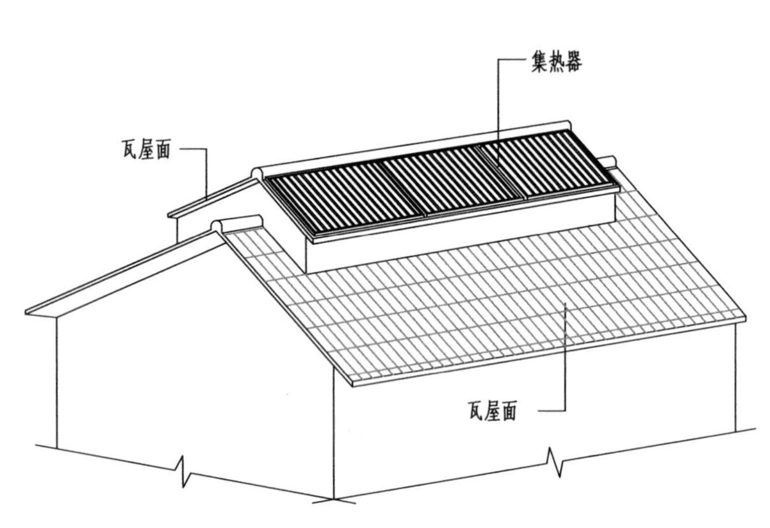


类型四 轴测图（重檐式一）

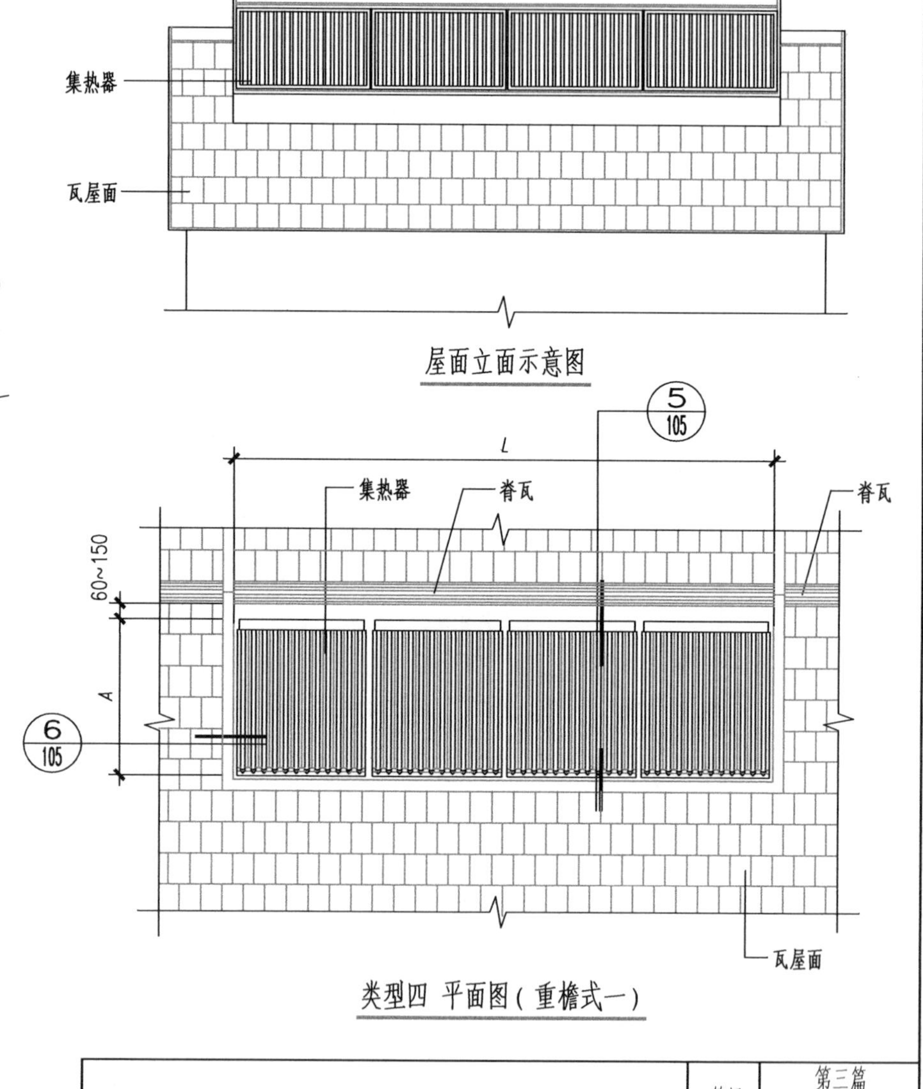


类型四 平面图（重檐式一）

注：1. 本图所示为集热器安装在坡屋面屋脊重檐上，分体式水箱放置在建筑物内部，位置详见个体工程设计。
2. 坡屋面坡度的选择详见设计施工说明。
3. 图中所注集热器宽度A、长度L均由所选产品规格确定。
4. 屋面集热器预留管孔具体位置根据所选集热器的规格确定，相应预埋的钢套管应在屋面防水层施工前埋设完毕。
5. 重檐净高及出挑的水平距离均详见个体工程设计。
6. 屋面适当位置应设有上人孔或其他上人措施；屋面适当位置应埋设金属挂钩。

| 坡屋面集热器布置示意图（重檐式一） | 篇目 | 第三篇 太阳能热水系统 |
|---|---|---|
| | 页 | 104 |

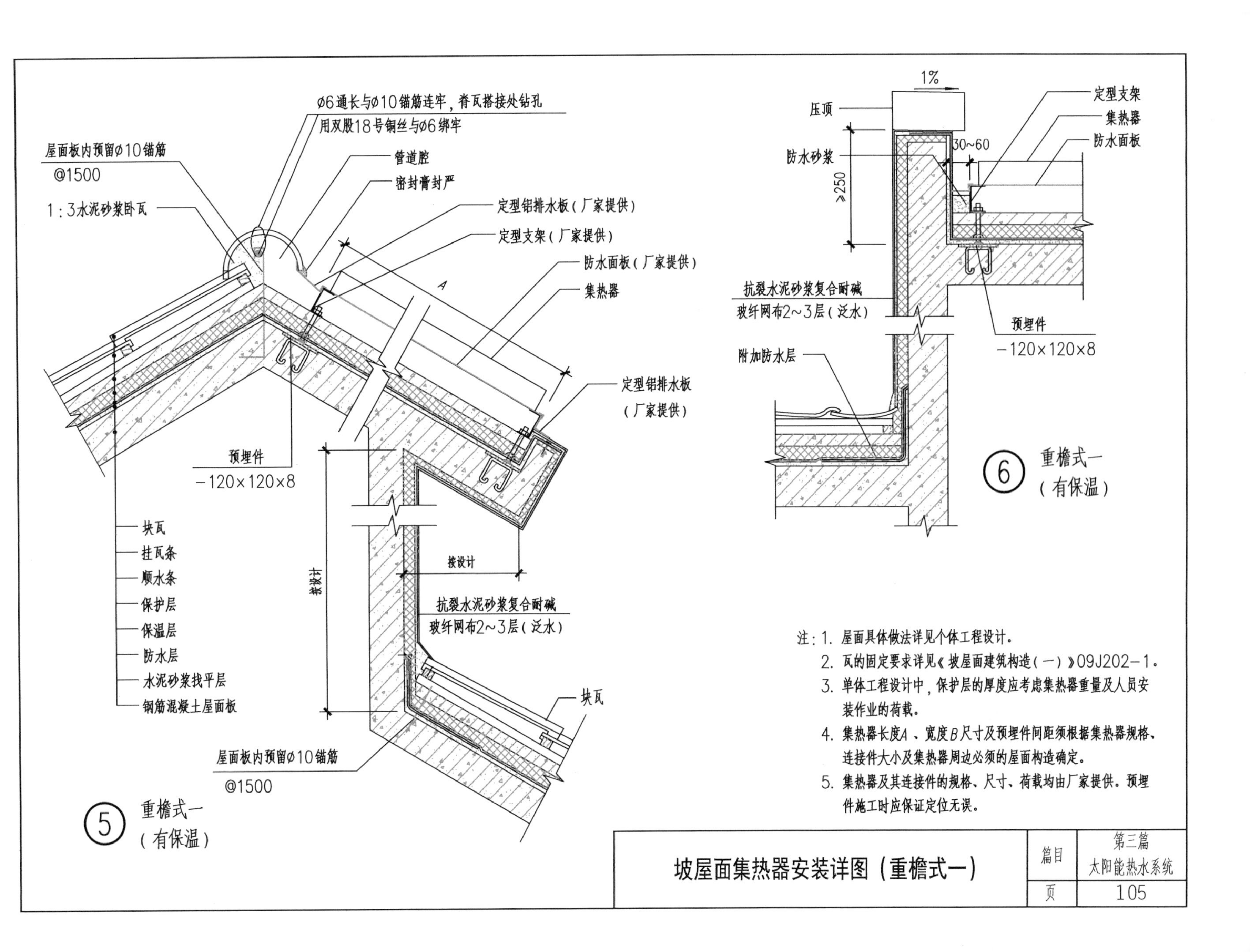


注：1. 屋面具体做法详见个体工程设计。

2. 瓦的固定要求详见《坡屋面建筑构造（一）》09J202−1。

3. 单体工程设计中，保护层的厚度应考虑集热器重量及人员安装作业的荷载。

4. 集热器长度A 、宽度B尺寸及预埋件间距须根据集热器规格、连接件大小及集热器周边必须的屋面构造确定。

5. 集热器及其连接件的规格、尺寸、荷载均由厂家提供。预埋件施工时应保证定位无误。

| 坡屋面集热器安装详图（重檐式一） | 篇目 | 第三篇 太阳能热水系统 |
|---|---|---|
| | 页 | 105 |

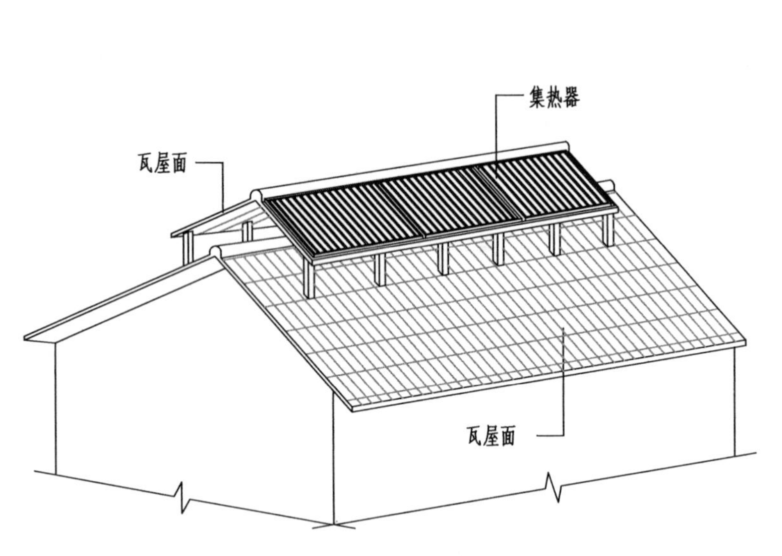

类型四 轴测图（重檐式二）

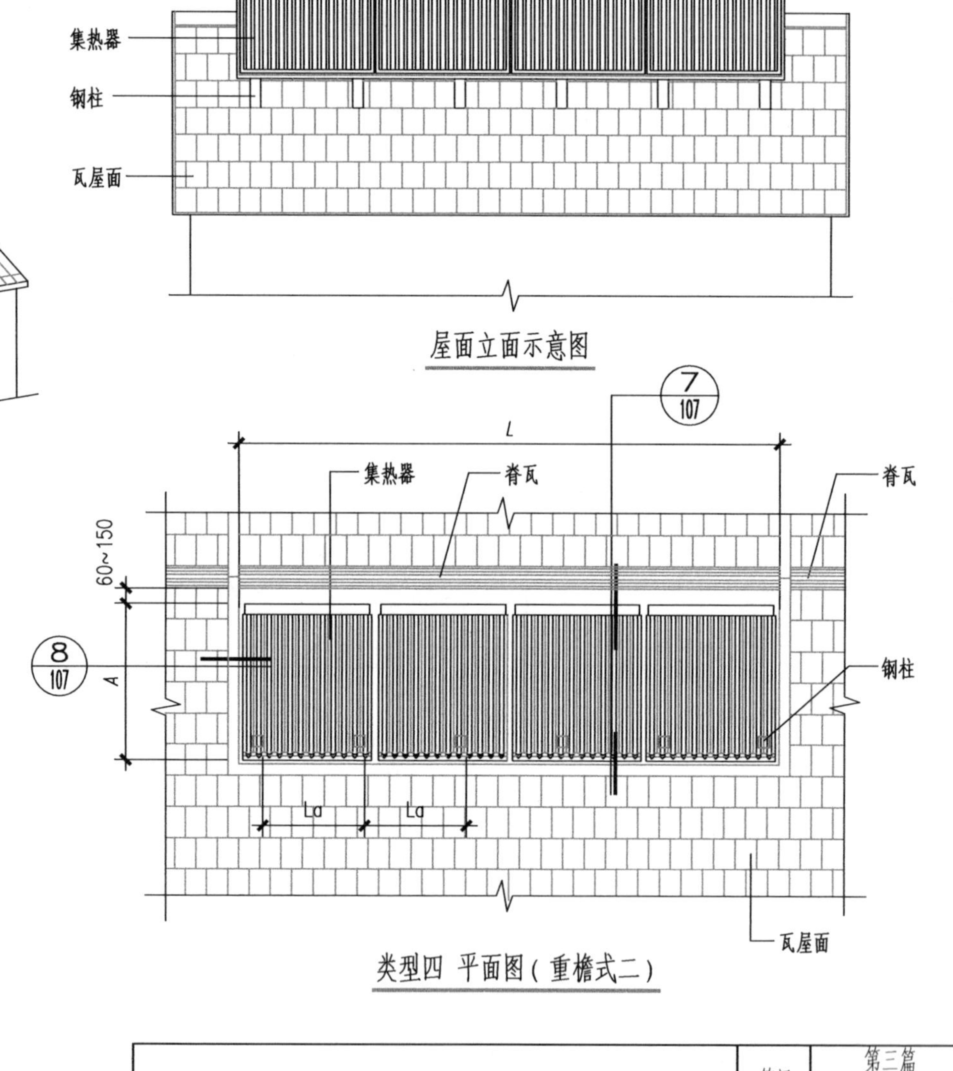


注：1. 本图所示为集热器安装在坡屋面重檐上（紧临屋脊）。分体式水箱放置在建筑物内部，位置详见个体工程设计。
2. 坡屋面坡度的选择详见设计施工说明。
3. 图中所注集热器宽度$A$、长度$L$均由所选产品规格确定。
4. 屋面集热器预留管孔具体位置根据所选集热器的规格确定，相应预埋的钢套管应在屋面防水层施工前埋设完毕。
5. 重檐净高、出挑的水平距离及小柱间距$L_a$均详见个体工程设计。
6. 屋面适当位置应设有上人孔或其他上人措施；屋面适当位置应埋设金属挂钩。

| 坡屋面集热器布置示意图（重檐式二） | 篇目 | 第三篇 太阳能热水系统 |
| --- | --- | --- |
| | 页 | 106 |

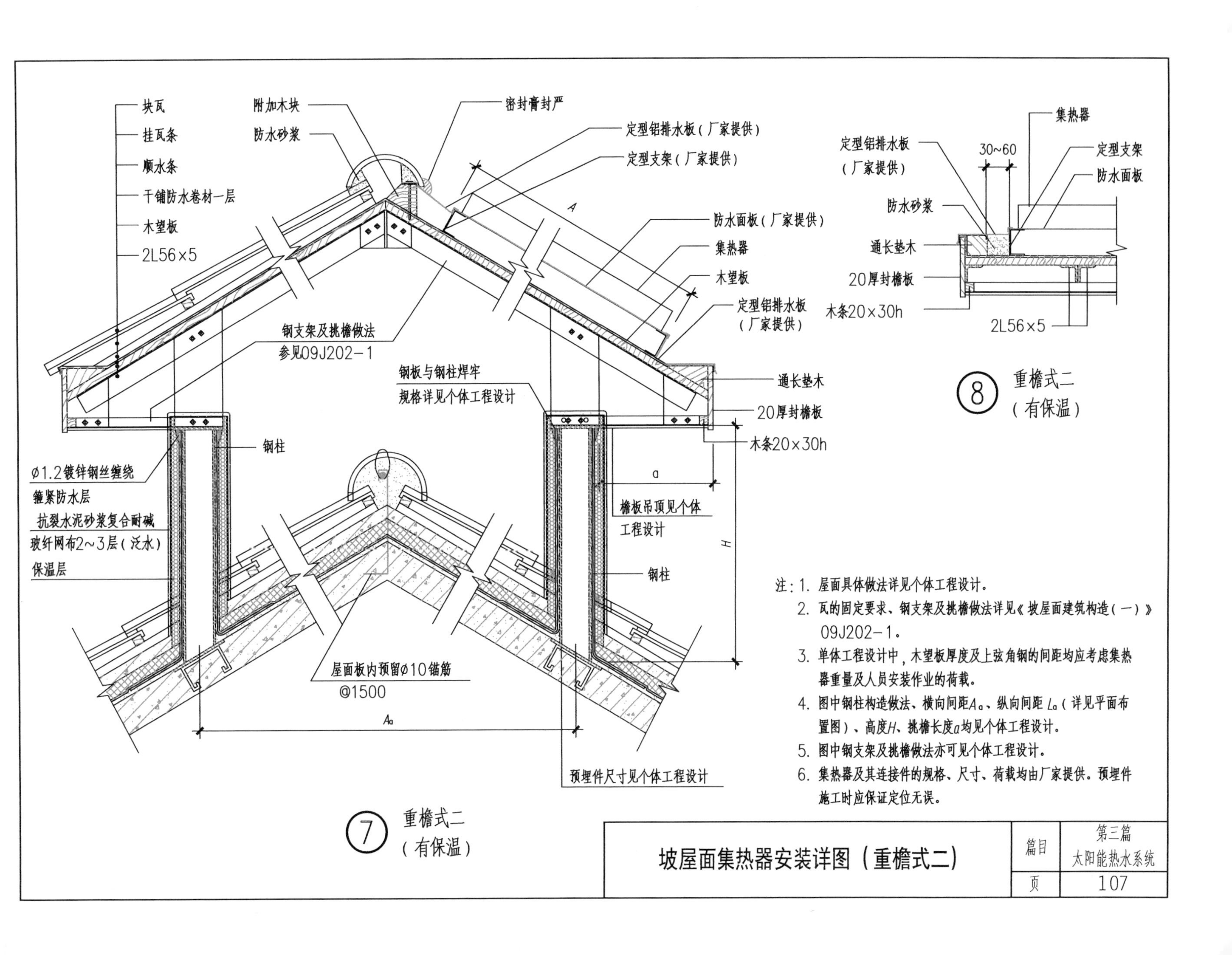
块瓦
挂瓦条
顺水条
干铺防水卷材一层
木望板
2L56×5
附加木块
防水砂浆
密封膏封严
定型铝排水板（厂家提供）
定型支架（厂家提供）
A
防水面板（厂家提供）
集热器
木望板
定型铝排水板（厂家提供）
通长垫木
20厚封檐板
木条20×30h
钢支架及挑檐做法
参见09J202-1
钢板与钢柱焊牢
规格详见个体工程设计
钢柱
ø1.2镀锌钢丝缠绕
箍紧防水层
抗裂水泥砂浆复合耐碱
玻纤网布2~3层（泛水）
保温层
a
檐板吊顶见个体
工程设计
H
钢柱
屋面板内预留ø10锚筋
@1500
Aa
预埋件尺寸见个体工程设计
⑦ 重檐式二
（有保温）
集热器
定型铝排水板
（厂家提供）
30~60
定型支架
防水面板
防水砂浆
通长垫木
20厚封檐板
木条20×30h
2L56×5
⑧ 重檐式二
（有保温）
注：1. 屋面具体做法详见个体工程设计。
2. 瓦的固定要求、钢支架及挑檐做法详见《坡屋面建筑构造（一）》09J202-1。
3. 单体工程设计中，木望板厚度及上弦角钢的间距均应考虑集热器重量及人员安装作业的荷载。
4. 图中钢柱构造做法、横向间距Aa、纵向间距La（详见平面布置图）、高度H、挑檐长度a均见个体工程设计。
5. 图中钢支架及挑檐做法亦可见个体工程设计。
6. 集热器及其连接件的规格、尺寸、荷载均由厂家提供。预埋件施工时应保证定位无误。
坡屋面集热器安装详图（重檐式二）
篇目
第三篇
太阳能热水系统
页
107